消防山地救援技术

XIAOFANG SHANDI
JIUYUAN JISHU

广东省消防救援总队　编

化学工业出版社

·北京·

内容简介

本书针对山地救援技术基础理论，对照近年来国内外山地救援技术研究的新成果和新经验，并依托韶关市辖区山地救援事故多发的山地模拟整建制实地训练，探索总结出适合实际情况的山地救援专业技术，具有一定的针对性、指导性和实用性。本书系统介绍了消防山地救援基本理论、队伍建设、救援程序和方法、训练内容及标准、山地救援通信保障等方面的内容。

本书兼顾基础理论和实战化运用，可为组建山岳救援队伍和培训山岳救援专业队员提供参考。

图书在版编目（CIP）数据

消防山地救援技术/广东省消防救援总队编. —北京：
化学工业出版社，2023.10
ISBN 978-7-122-43807-2

Ⅰ.①消… Ⅱ.①广… Ⅲ.①山-救援 Ⅳ.①X4

中国国家版本馆CIP数据核字（2023）第129717号

责任编辑：王　烨　　　　　　　　　　　文字编辑：张　宇　陈小滔
责任校对：李露洁　　　　　　　　　　　装帧设计：王晓宇

出版发行：化学工业出版社（北京市东城区青年湖南街13号　邮政编码100011）
印　　装：北京瑞禾彩色印刷有限公司
710mm×1000mm　1/16　印张16¼　字数263千字
2023年11月北京第1版第1次印刷

购书咨询：010-64518888　　　　　　　　售后服务：010-64518899
网　　址：http://www.cip.com.cn
凡购买本书，如有缺损质量问题，本社销售中心负责调换。

定　　价：138.00元　　　　　　　　　　　版权所有　违者必究

《消防山地救援技术》

编 委 会

主　　　任：张明灿　吴瑞山

副 主 任：李　阳　罗云庆　袁奕之　谌仕强

　　　　　洪声隆　李任华

委　　　员：张晓伟　朱国营　冯力群　吴茂洪

　　　　　刘小冬　黄　珂　高存义　李战凯

编 写 组

主　　　编：李　阳

副 主 编：张晓伟　朱国营

执行副主编：刘小冬　黄　珂

编写人员：石程涛　龙啟成　刘振东　张力鑫

　　　　　张军乐　李玉龙　沈　艺　钱　燊

　　　　　梁毅龙　温岸文　满　强　路士林

核校人员：孔庆岭　刘振湘　许如祥　吴剑辉

　　　　　张　玮　李有东　杜　霄　赵海波

随着社会经济的快速发展和人民生活水平的不断提高，居民进行户外旅游已成为当下社会文化生活的重要选择，所采取的形式也各式各样，比如户外运动、野外探险、徒步、登山、攀岩、露营等。由于户外活动的需求与日俱增，因游客危险意识薄弱、户外活动经验不足、逃生自救能力不高等因素造成的山地事故也在不断增多，导致此类事故的安全风险随之增长。面对事故救援处置具有的"急、难、险、重"特性，从事应急救援工作的人员将面临更为严峻的挑战，迫切需要相关专业救援技术理论的指导。

目前，我省在山地救助领域缺少系统性研究和标准化规程，相关搜救技术仍处于"空白"状态。本书编委会结合山地救援技术基础理论，对照近年来国内外山地救援技术研究方面的新成果和新经验，并结合韶关市山地救援事故多发的实际情况，探索总结出适合我省实际情况的山地救援专业技术，具有一定的针对性、指导性和实用性，所涵盖的技术理论、装备配备、基础技术和组训施训等方面的内容，兼具基础理论知识和实战化运用，可以为组建山地救援队伍和培训山地救援专业队员提供参考。

本书仅作为辅助教材，涉及的技术动作及救援技术虽已通过实训论证，但在实际救援行动中仍应根据现场实际情况制订救援方案，切不可照搬照套，且严禁用于无专业指导下的自学训练或救助！

本书由广东省消防救援总队李阳副总队长主编，张晓伟、朱国营为副主编，刘小冬、黄珂为执行副主编，石程涛、龙啟成、刘振东、张力鑫、张军乐、李玉龙、沈艺、钱燊、梁毅龙、温岸文、满强、路士林编写。孔庆岭、刘振湘、许如祥、吴剑辉、张玮、李有东、杜霄、赵海波核校。其中，第一章由石程涛、沈艺编写，第二章由龙啟成、张军乐编写，第三章由刘振东、李玉龙编写，第四章由张军乐、龙啟成编写，第五章由路士林、石程涛编写，第六章由沈艺、梁毅龙编写，第七章由温岸文、满强编写，第八章由钱燊、张力鑫编写，第九章由梁毅龙、路士林编写，第十章由石程涛、龙啟成编写。在编撰过程中得到了多部门和相关人员的大力支持，在此一并表示衷心的感谢！

由于编者水平有限，书中难免存在不足之处，敬请各位专家和读者给予批评指正，以便修订再版。

编　者

2022 年 12 月

目录 —— *Contents*

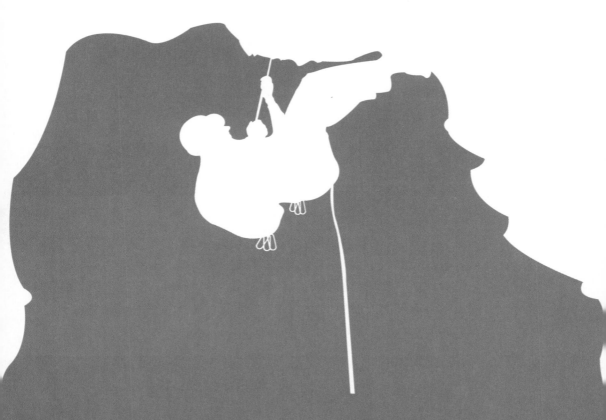

第一章

消防山地救援基本理论

山地事故救援是指消防救援人员在山地危险区域，运用各种救援器材装备，采取相应的技术方法，对山地灾害事故中遇难、遇险和受困的人员实施搜寻、救助的活动（图1-1）。展开山地救援活动的目的是正确、顺利、及时地对遇险人员及物资、物品进行紧急救援，将其转移到安全地带，保护遇险人员生命及财产的安全。

一、消防山地救援基本概况

（一）山地事故的定义

山地事故是指发生在山区的意外损失或灾害，主要分为客观灾害和主观灾害两大类。

（二）山地事故的分类

1.客观灾害

客观灾害也称自然灾害，是指由自然界所造成的意外损失，如山区突如其来的山洪、雪崩、山崩、泥石流、落石、暴风雪、雷电等自然不可抗拒的破坏力而产生的灾害事故。山区的自然灾害往往会在瞬间发生，很可能带来摧毁农田、砸埋房屋、破坏各类基础设施设备、毁灭整个山村或山城等严重后果，受灾地区人员的逃生难度大，甚至会出现重大人员伤亡和巨大财产损失的极端情况。

2.主观灾害

主观灾害也称人为灾害，是指由人为造成的意外损失，如人们在山地危险区域、地带或恶劣气候、气象条件下进行登山、攀岩、洞穴探险、山上劳动、露营等活动过程中因迷路、与外界失去联系、失足坠崖、被落石击中、断水断食、遭野兽袭击或发生交通事故等原因所造成的人员失踪、创伤、休克、骨折、中毒、发生疾病甚至死亡。

图1-1　山地救援

二、消防山地救援事故特点

（一）现场情况多变，搜索定位困难

一般情况下，山地事故的发生具有随机性。从多起山地事故来看，山地事故的发生不受时间和地点的限制，而且山地事故经常伴随着恶劣的自然天气或危险的自然现象发生，例如暴雨、大风、浓雾、山体滑坡等。山地事故的发生也具有不确定性，在山地事故救援过程中存在的危险无法提前预测，但是消防救援人员为保护人民群众的生命财产安全，将自身的安全置之度外，尽职尽责，为救助遇险人员做出努力，因此在一定程度上增大了救援人员发生伤亡的安全风险。在山地事故救援中，消防救援人员进行搜索定位的难度大（图1-2、图1-3），需要根据失踪者的基本情况、失踪时间、大概路线，对所有可能造成迷失的危险地带展开较大范围的搜索，严重影响了救援的效率。此外，当发现遇险者后，可能还会因为遇险者被困的位置狭小，从而出现消防救援人员开展救援作业的空间受限等情况。

图1-2　搜索地形复杂

图1-3　搜索范围大

（二）遇险环境复杂，救援难度较大

发生山地事故的地点或区域，一般存在山高坡陡、地势险要、地形复杂难辨、道路崎岖不畅等情况（图1-4），从而给消防救援人员的救援行动增加了难度和很多不确定因素。

需要注意的是山地事故经常发生在旅游景区附近和未经过开发的一些沟谷、湖泊以及山崖当中，消防救援人员在开展救援工作时，由于是面对陌生的环境，会出现无法充分掌握当地的山路情况、无法精确了解救援的路线等情况，从而导致救援的时间加长，而且消防救援人员在救援的过程中还需要背负一些野外救援装备，尤其是不掌握遇险情况、被困位置等信息时，在一定程度上会影响队伍行进的及时准确到位。在陌生的自然环境中，如果长时间进行搜救工作，同样会导致消防救援人员的体力消耗过快，极容易出现疲劳的情况，甚至会出现还未到达救援地点就过早疲劳的现象，从而增加救援的难度。

图1-4　复杂地形

（三）搜救时间较长，交通运输不便

山地事故发生的地点通常距离消防队的位置较远，这就使得从接警到对事故现象以及现场情况有具体了解需要一定的时间。由于山地救援地区的路途往往比较遥远，而且交通不够便利，大多数情况下没有能够满足车辆通行的路段，车辆难以直接抵达事故的现场，所以搜救工作只能徒步进行，这也是导致救援时间长的重要原因（图1-5～图1-8）。

图1-5　交通不便

图1-6　运输困难

图1-7　搜救时间长

图1-8　转运难度大

（四）通信保障不畅，指挥调度困难

山地事故救援现场往往人烟稀少甚至人迹罕至，通信基础设施建设无法覆盖，因此通信信号会受到影响和限制，消防救援人员经常会出现通信联络不畅的情况，对信息的搜集、与后方的联系、部属的呼叫、部门间的对接都会造成影响，导致信息沟通迟缓甚至停滞，严重降低了搜救工作指挥调度方面的效率。

（五）干扰因素过多，易发二次灾害

消防救援人员深入危险地域开展搜救时，一方面山间气候变化无常，阴晴天气转换速度快，尤其是阴雨天气，不但提高了消防救援人员的搜索救援难度，而且也会给被困者所处环境带来新的影响，均使得二者面对的安全风险大大增加。同时，由于山间昼夜温差大（图1-9），很容易导致人员特别是受伤的人员出现急性失温、冷冻休克等情况，严重的甚至会导致人员死亡。另一方面，受地形地势、地质地况情况不明等因素的影响，可能会造成消防指战员跌落、坠崖、绊倒、划伤、失踪等二次灾害（图1-10）。

图1-9　昼夜温差大

图1-10　干扰过多

（六）夜间能见度低，影响搜救效率

由于搜救时间长，在夜间开展山地事故救援行动的情况十分常见。由于车载照明和大型照明设备均无法携带使用，受地形地貌、能见度、照明器材等影响，夜间搜救工作的难度和风险大大增加，致使消防救援人员无法快速到达危险的一线区域作业，夜间救援效率难以得到有效提高（图1-11、图1-12）。

图1-11　夜间搜救（一）

图1-12　夜间搜救（二）

（七）遇险受伤较多，救治能力不足

在山地事故救援中，消防救援人员抵达遇险现场，找到被困者时，往往被困者处于受伤状态，消防指战员根据其伤病状况、身体情况等给予应急救治的经验相对欠缺，极易产生延误救治、二次伤害的情况，所以在山地救援中通常需要医疗人员随行协助。多数情况下，救援人员难以在第一时间掌握遇险者的伤势情况，而且一些事故现场的情况会导致救援人员难以与遇险者接触，会使得遇险者的伤势难以得到紧急处理。一些复杂的地形地势还会使得担架等救援装备难以发挥其用处，使遇险人员不能及时地被送到安全地点，导致其伤势的恶化（图1-13）。

图1-13　转运耗时长

（八）救援装备缺乏专业标准，准备时间较长

山地事故救援工作与城市内部救援工作相比，有一个显著的区别，山地事故的救援必须要将救援装备一次性携带齐备。这就使得在进行山地救援活动时，入山之前准备救援装备需要一定的时间，而且部分情况下，为了保证救援工作能够在山地间顺利地开展，满足长时间开展搜救工作及保障好被困者，在携带大量救援装备的基础之上，还要携带一定量食物和饮用水。同时，山地事故救援对救援绳索的稳定性要求更高，所使用到的专业救援设备，其安全性必须要有一定的保证，

因此救援装备的优先配置要做到兼具安全性和功能多样性（图1-14）。消防救援队伍始终坚持这一标准并严格地予以落实，但是由于山地事故救援的特殊性，专业的救援装备还不够充足，目前仍然没有较为专业的山地事故救援装备标准，只能通过此类救援工作的实际情况去探索和完善。

图1-14　救援装备

（九）救援力量组成不同，管理要求高

山地事故发生的原因大多在于遇险者缺乏足够的危险意识，在对山地地区状况不熟悉、不了解的情况下，为了新鲜感、刺激感，选择走尚未完全开发或者未开发的道路，当遇上恶劣天气或迷失方向后，就会导致遇险者被困在山上无法下去或者被困在里面无法出来。在这种情况下，救援人员难以在短时间内对道路有充分的了解，因而使得救援工作的难度加大，而且一些事故发生的地点在悬崖峭壁的位置，安全风险难以完全控制，这同样会对救援人员以及遇险者的生命健康造成威胁。此外，由于山地范围宽广多数未经开发，人员上山容易迷路，从而容易引发意外情况，所以对遇险者的救援不能只依靠消防救援队伍的力量，还需发挥社会上各类救援力量和当地熟悉路线的人员的作用。

消防救援队伍可与社会上一些民间救援队建立联动机制，派出具有一定经验的救援人员连同当地村委的护林员等，携带相应的救援装备到山地地区熟悉该地区的路线，为后续的山地事故救援工作提供救援路线，从而提高救援效率，提升救援成功的可能性。然而，消防救援队伍与民间救援队共同合作时，受限于两种队伍在业务能力、管理方式、装备情况等方面存在的差别，亦会存在一些问题。

三、消防山地救援事故主要场景

（一）山地场景

山地场景主要包括斜坡、悬崖、索道、峭壁、堡坎等。这类区域的特点是地形复杂险要，救援人员难以靠近，且多数情况下缺少可有效利用的锚固物。部分场景救援空间狭小（图1-15～图1-17），实施救援时，作业面的限制较多，装备操作难度增大，同时救援过程中需要增加防坠落保护，确保救援人员安全。

图1-15 山地场景救援（一）

图1-16 山地场景救援（二）

图1-17 山地场景救援（三）

（二）水域场景

水域场景包括河流、孤岛、峡谷、山涧、桥墩等，与其他场景不同的是，水域场景除要求使用专门的水域救援装备、绳索外，对救援技术也有特殊的要求（图1-18、图1-19）。此时救援更多的是需要综合技术的运用，而不再是单一山地救援技巧或水域救援技巧。

图1-18　水域场景训练（一）

图1-19　水域场景训练（二）

（三）受限空间场景

受限空间场景主要包括深井、溶洞、狭小建（构）筑物空间等。该类场景由于内部空间狭小且可能存在有毒物质，因此，侦检、防护需要在第一时间开展，以确保救援人员的安全，与此同时，救援现场的洗消、通风和保护等措施必须贯彻全程（图1-20）。

图1-20　受限空间场景救援

（四）丛林场景

丛林场景包括雨林草甸、灌木丛、密林等。此类场景往往纵深长，障碍物多，视野较为狭窄，且常出现有毒类蛇虫鼠蚁及其他攻击性生物，容易造成救援人员中毒或受伤，同时在密林间穿梭体力消耗过大，对搜救的有效工作时间也会有所限制（图1-21、图1-22）。

图1-21　丛林场景（一）

图1-22　丛林场景（二）

四、消防山地救援辅助知识

消防救援人员开展山地救援，有时需要使用地图辅助开展工作，这就要求必须掌握一定的看图基础知识，比如读懂等高线就十分重要，因为它很大程度上影响救援路线的选择。

（一）经纬度识别基础

常用的地图都是通过地理坐标系标示位置。地理坐标系一般是指由经度、纬度和相对高度组成的坐标系，能够标示地球上的任何一个位置。经度和纬度常合称为经纬度，把球面上的经纬度显示在平面地图上，需要采用某种地图投影。

1.经线

经线也称子午线，和纬线一样是人类为度量而假设出来的辅助线，定义为地球表面连接南北两极的大圆线上的半圆弧。任意两根经线的长度相等，相交于南北两极点。每一根经线都有其相对应的数值，称为经度。经度表示东西方向的位置。

2.纬线

纬线和经线一样是人类为度量方便而假设出来的辅助线，定义为地球表面某点随地球自转所形成的轨迹。任何一根纬线都是圆形而且两两平行。纬线的长度是赤道的周长乘以纬线的纬度的余弦，所以赤道最长，离赤道越远的纬线，周长越短，到了两极就缩为0。纬度表示南北方向的位置。

一般地图上，横向是纬线，竖向是经线，经纬线交汇组成坐标系统，就能确定一个位置。由于我国的经纬度范围大约介于东经73.5°～135°、北纬4°～53.5°，在利用经纬度判断位置时，（东）经度增大的方向为东，减小的方向为西，（北）纬度增大的方向为北，减小的方向为南。对于迷途或无法确定位置的被困人员，若能获取其经纬度信息（GPS信号会影响准确度），则可判断搜寻的方向，避免盲区搜救，提高救援工作效率。

（二）地形图识别基础

运用地形图开展侦察，获取海拔落差、坡度缓急、走势起伏等信息，对规划搜寻路线、选择救援场地或设置营地等有很大帮助。这要求救援人员必须具备一定的识图基础。

1.比例尺识别

比例尺是建筑、设计和测绘行业绘制平面图、设计图和地图等图纸时使用的工具，其主要功能是方便绘图人员在不借助计算器等工具的情况下，精确地在面积有限的图纸上绘制大尺寸物体（如房屋、地块、道路等）按比例缩小的图形，或测量图上形状对应现实中物体的大小。和普通直尺不同的是，比例尺上一般不标注尺子的长度，而是标注在一定比例下尺上长度对应现实中实际物体的长度。以1：100的比例尺为例，在普通直尺标示1cm的刻度处，比例尺标注为1m，即在1：100的图纸上从0刻度到这个刻度的长度代表现实中1m的长度。

简而言之，比例尺就是表示图上一条线段的长度与地面相应线段的实际长度之比。公式为：比例尺=图上距离÷实际距离。根据比例尺和图上距离，可以计算实际距离，公式为：实际距离=图上距离÷比例尺。比如，图上距离为2cm，比例尺为1：150000，经计算实际距离为3km。

2. 等高线识别

等高线指的是地形图上高程相等的各点所连成的闭合曲线，是等值线的一种特殊形式。在等高线上标注的数字为该等高线的海拔高度。等高线按其作用不同，可分为首曲线、计曲线、间曲线与助曲线四种。除地形图之外，等高线也见于俯视图、阴影图等。用于海、湖泊的等高线，称为等深线。等高线是通过连接地图上海拔高度相同的点得到的。等高线一般不相交，但有时可能会重合。同一等高线上的各点高度相同。利用等高线的疏密可以判断坡度的缓陡情况。一般来说，等高线稀疏，坡度平缓；等高线密集，坡度陡峻。若要规划一条坡度较缓的救援路线，应选择等高线稀疏的位置，如图1-23所示。

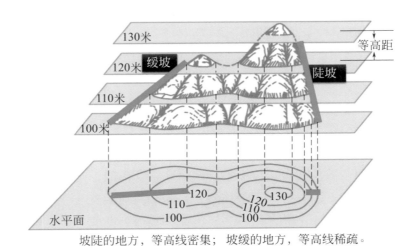

坡陡的地方，等高线密集；坡缓的地方，等高线稀疏。

图1-23　等高线识别

3. 等高距识别

地形图上相邻等高线之间的高差称为等高距，也叫作等高线间距（隔），用h表示，单位多数使用"m"。大比例尺的地图，缩小的程度小，地貌表示详尽，等高距可以很小；而在小比例尺地图上，地貌表示粗略，等高距必须加大。另一方面，地图的比例尺虽然相同，但等高距的大小可根据地图所表示的内容和地形的起伏情况而定。同一幅地形图上的等高距是相同的。在等高线地形图上，以内侧等高线高度减去外侧等高线高度，所得数据即为等高距。等高线地形图上的每一条等高线上的数字，表示以该线为标准，距离海平面的高度，在救援中可以以此计算判断搜救位置、施救位置等处的海拔高度，为制订救援方案和作出决策提供参考。

4. 等高线间距识别

相邻的两条等高线，两者的水平距离称为等高线间距。在同一张地形图上，等高线间距越大则地面坡度越小，在救援中可以以此判断所确定搜救路线的陡缓情况，为制订救援方案和作出决策提供参考。

5. 通过等高线判断常见的地貌形态

① 山峰：一般指尖状山顶并有一定的高度，多为岩石构成，是山脉中突出的部位。当两个板块相互挤压时，凸出的叫作背斜，凹下的叫作向斜，一般背斜成山，向斜成谷。有时背斜土质疏松，容易被侵蚀变为山谷或者盆地，而向斜变成了山峰。从等高线地形图上看，山峰处于闭合等值线内部，等高线呈闭合且等高线数值中间高、四周低的特点，有的地图可能会画出山峰的符号（小黑三角）。由于坡度陡峭，山峰难以作为救援路线的途经点。

② 山脊：又称分水岭、山棱，指山的高处像兽脊凸起的部分，是由两个坡向相反、坡度不一的斜坡组合而成的条形脊状延伸的凸形地貌形态。山脊最高点的连线就是两个斜坡的交线，叫作山脊线。从等高线地形图上看，山脊表现为向海拔低处凸起的特点，脊线两侧的等高线略呈平行状，等高线穿过河谷时，向上游弯曲，呈反V字形。若山脊处相邻的等高线均比较稀疏，说明此处坡度较缓，可根据实际情

况判断是否将其作为救援路线的途经处。

③ 山谷：又称集水区、谷、谷地，是由两侧正地形夹峙的狭长负地形，常有坡面径流、河流、湖泊发育，陡峻的谷地可能有泥石流。从等高线地形图上看，山谷表现为一组向高处凸出的等高线，有山谷、峡谷、冰川谷、断层谷等类型。常见山谷有通谷（指原本有分水岭相隔的两河川，经过河川袭夺后，形成一条贯通的谷地）、溪谷（指小的谷地，两侧为山丘或小山丘，中间为泉水或溪流构成的地形；此类地形分布于岗地、低山丘陵地区，多表现为小的山坡地形，常作小范围区域内对地形的描述）、河谷（两侧有山脉或大山、中间为河流的地形；河谷多位于丘陵、山区；河谷地形可形成"河谷平原"，河谷平原的地势较平坦，中间的河道水流平缓）。在雨水天气应尽可能不将山谷作为救援路线途经处，慎防遭遇泥石流、山洪等地质灾害事故。

④ 鞍部：为山脊上两山间的低浅处，形似马鞍，以此得名。鞍部的相对高度较高，两侧陡峭，不容易发育成河谷地貌，是两山峰之间的比较平缓的部位，来往被山相隔的地方，最短的路径一般都是经过鞍部，因而形成山的重要通道，故又称之为山口或垭口，有些鞍部附近坡度较为平缓，常称之为岭。从等高线地形图上看，鞍部是山谷线最高处、山脊线最低处，是正对的两山脊或山谷等高线之间的空白部分，可根据实际情况判断是否将其作为救援路线的途经处。

⑤ 陡崖：陡崖是角度垂直或接近角度垂直的暴露岩石，是一种被侵蚀、风化的地形。陡崖常见于海岸、河岸、山区、断崖里。瀑布的支流常常流经陡崖。陡崖的地质多属火成岩。从等高线地形图上看，陡崖是等高线重合的地方，一般情况不应作为救援路线的途经处。

⑥ 盆地：是指地球表面（岩石圈表面）相对长时期沉降的区域，因整个地形外观与盆子相似而得名。换言之，盆地是基底表面相对于海平面长期洼陷或坳陷并接受沉积物沉积充填的地区。沉积盆地既可以接受物源区搬运来的沉积物，也可充填相对近源的火山喷出物质，当然也接受原地化学、生物及机械作用形成的盆内沉积物。从构造意义上说，盆地是地表的"负性区"。相反，地表除盆地以外的其他区域都是遭受侵蚀的剥蚀区，即沉积物的物源区，这种剥蚀区是构造上相

对隆起的"正性区"。隆起的正性区遭受侵蚀，使其剥蚀下来的物质向负性的盆地迁移，并在盆地中堆积下来，这实际上就是一种均衡调整（或称补偿）作用。从等高线地形图上看，盆地是等高线闭合且等高线数值中间低四周高的地方，在雨水天气应尽可能不将盆地作为救援路线途经处，慎防遭遇泥石流、山洪等地质灾害事故。

部分地形的等高线特点及山体走向见图1-24、图1-25。

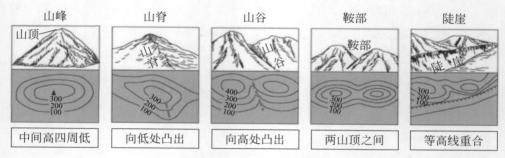

图 1-24　山体等高线识别

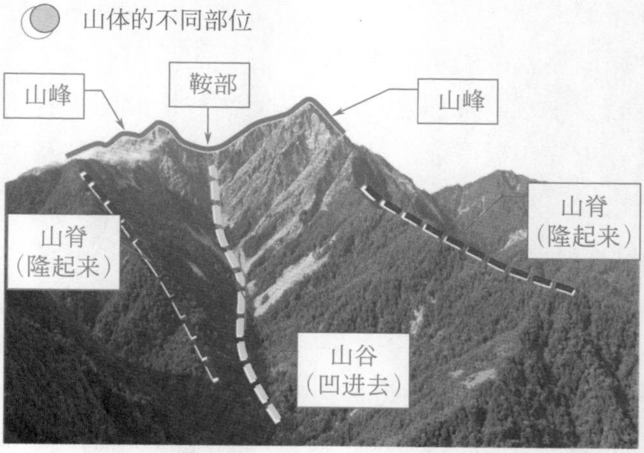

图 1-25　山体走向识别

第二章
消防山地救援队伍建设

消防山地救援队建设包括人员编配、装备配备、执勤模式、训练体系、调度指挥等范围，队伍应具备搜索被困人员、救助受伤人员、转运伤亡人员等能力。

一、消防山地救援队伍组成

一个山地救援大队，建议编配51人，其中可设队长1名，副队长（兼联络员）2名，包含2个救援分队。每个救援分队24人，每个分队设分队长1名，副分队长（兼安全员）3名，队员20人（具体如表2-1所示人员构成表）。山地救援队队员从参加过高空（山地）救援专业技术培训并取得相关培训资质的业务骨干中选拔（图2-1），每名队员要具备山地事故救援能力，能够冷静独立地处理紧急事故，具备协同作战、科学施救的良好意识和战术素养。

图2-1　山地救援队成立

二、消防山地救援队伍职能

（一）队长职能

队长为指挥员，负责救援队的总体工作，组织指挥并统筹协调各救援作战分队、各救援组开展救援行动和对外联络，对整个救援行动的具体工作负责。具体包括：

① 了解和掌握救援队情况，根据上级指示和命令，科学制定救援行动的整体规划和措施。

② 组织制定、落实专业救援勤务制度，完善各项措施。

表2-1　山地救援队人员构成表

类别	人员构成	数量（人）	主要职责	资质要求
组织指挥（3人）	队长	1	负责救援的总体工作，对救援队的训练和后勤工作负主要责任。组织指挥并协调各救援作战分队，各救援组开展救援行动和对外联络工作	一级指挥员（含）以上干部，10年以上灭火救援指挥经验
	副队长兼联络员	2	协助队长开展工作，重点负责对外联络，队长不在位时履行队长职责	二级指挥员（含）以上干部，8年以上灭火救援指挥经验
救援分队（每个分队24人，2个分队共48人）	分队长	2	负责救援作战分队的总体工作。组织指挥并统筹协调各救援组开展救援行动和对外联络，对整个救援行动的具体工作负责	三级指挥员（含）以上干部，5年以上灭火救援指挥经验，取得相关培训中级以上资质证书
	副分队长（兼安全员）	6	副分队长协助分队长开展工作。负责对事故现场实行实时检测，检查安全防护措施，判断突发险情	四级指挥员（含）以上干部，3年以上灭火救援指挥经验，取得相关培训中级以上资质证书
	队员	40	熟练各类救援技术。根据救援行动方案，负责现场侦查、搜索人员、救助和搬运伤员、通信等	3年以上灭火救援处置经验，经过绳索类专业培训，取得相关培训初级以上资质证书

③ 掌握救援队的编制和实力情况，执行编制规定，指导专业救援的装备改革和技术革新。

④ 教育培养全体队员，不断提高队伍专业知识和实际救援能力，接受上级调度参加相关救援任务。

⑤ 在上级单位的组织下，带领全体队员做好救援队的基础设施建设。

⑥ 带领救援队完成上级赋予的其他任务。

（二）副队长（联络员）职能

副队长协助队长开展工作，重点负责队伍建设和业务训练工作，在队长临时离开工作岗位时，根据上级或者队长的指定代行队长职责。具体包括：

① 负责救援队的业务技能训练，经常进行督促考核检查，保证救援队训练任务的完成。

② 掌握救援队的编制和实力情况，执行编制规定，指导专业救援的装备改革和技术革新。

③ 熟练掌握山地救援常识，做好救援现场危险评估，确保全体队员自身安全。

（三）分队长职能

分队长为救援分队的指挥员，负责救援分队的总体工作，负责现场指挥、救援方案的确定、任务分配、沟通协调、开展救援工作，在灾害现场指挥部的领导下，对整个救援行动的具体工作负责。具体包括：

① 熟悉和掌握救援分队的编制和实力情况，根据上级指示和命令，科学制定救援行动的整体规划和措施，贯彻执行上级部署。

② 组织制定、落实救援战备制度，完善战备措施，带领队员完成救援任务。

③ 教育和培养全体队员，负责救援分队的业务技能训练，经常进行督促考核检查，保证训练任务的完成。

④ 熟悉辖区地形地貌，掌握山地事故救援常识，正确评估救援现

场的危险系数，落实安全防护措施，确保全体队员的自身安全。

⑤ 领导救援分队完成上级赋予的其他救援任务。

（四）副分队长（兼安全员）职能

副分队长协助分队长开展工作，在分队长临时离开工作岗位时，根据上级或者分队长的指定代行分队长职责，负责监督检查训练与执勤装备的完整性，现场观察整个救援过程中是否存在安全风险。具体包括：

① 熟悉辖区地形地貌，参与救援方案的制定，确保整个救援行动过程的安全。

② 协助分队长确定紧急撤离路线，并及时通知所有救援队员。预计可能出现的各种危险，发现危险时，及时发出紧急撤离信号，并及时核查人员撤离情况。

③ 在救援行动过程中，对每一个步骤进行检查，对整个救援过程进行安全评估，确保救援行动的安全（图2-2）。

图2-2 救援安全检查

（五）救援队员职能

救援队员执行上级救援命令和救援行动方案，负责现场侦查、人员搜索、人员救助、人员转运等。具体包括：

① 熟悉各种救援器材的性能参数及使用范围，加强维护和保养，保证装备时刻处于完整好用状态。

② 熟练掌握和使用救援装备，加强学习和训练，全体队员应当在同一技术体系框架内受训，全体队员的技术水平应当相对一致。

③ 熟练掌握队员间的通信用语和手势。

④ 熟悉辖区地形地貌，熟练掌握各类救援技术。

（六）通信员职能

① 熟练掌握通信器材的技术性能和使用方法。

② 经常性地对通信器材进行维护保养，保证设备完整好用。

③ 负责快速打通前后方指挥部视频会商通道，保障指挥部通信正常运行，做好与上级和政府视频通话准备（图2-3）。

④ 负责统筹建立现场指挥语音对讲平台，明确通信方式。

⑤ 多手段、多渠道上传音视频图像，客观反映灾害事故现场真实情况，为领导决策提供基本素材。

图2-3　山地救援通信保障

三、消防山地救援队伍指挥调度

山地事故救援行动由各级消防救援机构指挥中心统一调度。山地救援队应坚持立足省内、辐射周边，突出随用随调的灵活机动特性，遂行重特大灾害事故跨区域救援职能，发挥辖区主战、机动全省的作用。山地救援队纳入高难特种灾害事故处置主战力量等级调度范畴，在出现重大山地救援警情或常规队站无法处置的山地救援任务时，指挥中心应第一时间调派山地救援队到场处置。

（一）执勤模式

山地救援队执勤模式按照"一专多能"的原则。平时山地救援人员投入正常的灭火救援、执勤训练工作，战时根据发生山地事故的区域，采取"就近原则"调派邻近的救援分队开展救援。遇有重大山地救援任务、重大安保任务和跨区域（跨省）增援任务时，应召回在外队员补充队伍实力。

（二）力量调度

按照"就近优先、区域优先"的原则和《火警和应急救援分级规定》，山地救援队在执行同城山地救援任务时，由所在地支队指挥中心统一调度，调集辖区消防救援站出动，同时调集辖区山地救援队出动，并及时向总队指挥中心备案；执行省内（跨市）、跨区域（跨省）山地救援任务时，由总队指挥中心统一调派指挥。

（三）山地救援等级划分

山地救援等级共分为一级、二级、三级、四级，一级最低，四级最高。

1.一级山地救援

① 10人以下人员迷路，通信能保持畅通的；
② 3人以下人员失联或者伤亡的；
③ 事发地处于普通山林地区的；
④ 可以在短时间内及时排除的山地救援。

2.二级山地救援

① 10人以上人员迷路，通信能保持畅通的；

② 3人以上10人以下人员失联或者伤亡的；

③ 事发地处于信号不稳定、山林成片、山路复杂等山林地区的；

④ 在短时间内难以排除的山地救援。

3. 三级山地救援

① 10人以上30人以下人员失联或者伤亡的；

② 事发地处于风景名胜区、国家自然保护区、无人区等复杂山林地区的；

③ 处置难度较大、处置时间较长、社会影响较大的山地救援。

4. 四级山地救援

① 有30人以上伤亡或被困的；

② 处置难度大、处置时间长、社会影响大的山地救援。

（四）响应启动程序

山地事故救援响应共分为Ⅰ级、Ⅱ级、Ⅲ级，Ⅰ级最高，Ⅲ级最低。应急响应通常由低级别向高级别逐级启动，也可视情况越级启动，必要时可直接启动高级别响应。根据事态发展，视情况降低响应级别或解除响应。

1. Ⅲ级响应启动程序

① 指挥中心接到Ⅲ级山地救援警情后，第一时间调度1个山地救援小组到场协助当地消防救援队伍处置。

② 根据灾害情况和"就近调派"的原则，支队指挥中心调派离灾情发生地最近的山地救援小组到场处置。邻近的山地救援小组必须在指定时间内，在指定地点完成集结，并根据灾害情况迅速赶赴现场开展救援工作。

③ 开通与支队指挥中心和山地救援现场的音视频传输系统。

2. Ⅱ级响应启动程序

① 指挥中心接到Ⅱ级山地救援警情后，第一时间调度1个山地救援分队到场处置。

② 根据灾害情况和"就近调派"的原则，支队指挥中心调派离灾情发生地最近的山地救援分队到场处置。山地救援分队所有队员必须按调度指令迅速赶赴现场开展救援工作，属地山地救援队指挥部领导遂行出动指挥救援。

③ 属地支队指挥中心随时与救援现场保持联系，开通音视频传输系统，密切关注救援动态。

3. Ⅰ级响应启动程序

① 支队指挥中心接到Ⅰ级山地救援警情后立即上报总队指挥中心，调度山地救援队全体人员到场处置。

② 山地救援队全体指战员必须根据总队指挥中心调度迅速完成集结并赶赴救援现场，山地救援大队指挥部所有领导遂行出动指挥救援。

③ 开通山地救援事故所在地支队指挥中心与灾害事故现场的音视频传输系统，调集全省范围内山地救援力量进行增援，并及时跟踪增援队伍集结行进情况和救援动态。

（五）力量投送

按照"快捷、安全、高效"原则，山地救援力量投送视情况采取陆路、水路或航空等方式进行。

① 陆路、铁路投送。距离山地事故现场近时，山地救援队可优先利用山地越野车和装备运输车等车辆，将救援人员和器材装备及时投送到现场。距离山地事故现场较远时，山地救援队可携带所需救援装备和个人装备随行包，乘坐火车、高铁等交通工具赶赴现场进行山地事故救援。

② 水路投送。水路行进快过陆路、铁路行进的，或者陆路、铁路无法到达山地事故现场的，宜采用水路运输人员和器材装备。

③ 航空方式投送。由总队协调，启动与省内民航、空军、警航等交通运输部门应急联动机制，开辟山地救援队投送绿色通道，第一时间快速、安全投送力量。

四、消防山地救援队伍装备配备

（一）山地救援常用器材[1]

① 半身式安全带：采用尼龙或聚酯纤维材质制作，具有腰带、腿带等结构，腹部位置应当设有承载挂点，两侧腰部可以设置承载挂点。

② 全身式安全带：采用尼龙或聚酯纤维材质制作，具有肩带、腰带、腿带等结构。全身式安全带可以采用上、下半身组合连接式，组合连接的强度不应低于全身式安全带的最低强度要求。

③ 绳索作业全身式安全带：腹部、胸部位置应当设有承载挂点，两侧腰部、背部可以设置承载挂点，宜使用预安装胸式上升器的安全带或腹部与胸部挂点之间应当适合安装胸式上升器。

④ 快速救援安全带：采用尼龙、PVC材质制作，应当具有简易腰带、腿带等结构，可以具有肩带结构。

⑤ 低延展性绳索（静力绳）：绳索救援中的主要用绳，绳索直径为10.5～12.5mm，受力后绳索不会发生较大延展。

⑥ 高延展性绳索（动力绳）：绳索救援中的次要用绳，绳索直径为10～11mm，受力后绳索会发生较大延展，能够吸收坠落所产生的冲击力。

⑦ 主锁（安全钩）：用于连接和承载重量的主要装备，材质为钢、铝合金等，具有锁臂、锁门（锁闩、弹片、锁鼻、锁闭套筒）等结构。主锁的锁闭机构可以分为快挂（无锁闭套筒）、丝门锁（手锁式）、自动锁（自锁式）。快挂主要用于器材装备的非承重辅助连接，不得用于承载连接。山地救援中应当使用丝门锁（手锁式）或自动锁（自锁式）。

⑧ 上升器：抓止锁定机构为钉齿结构，利用弹簧控制的方式将钉齿结构与绳索相咬合从而实现绳索抓止锁定。上升器分为手式上升器、胸式上升器、脚式上升器、无手柄上升器。手式上升器、胸式上升器、无手柄上升器应当具有锁定、半锁定和打开三种控制开闭幅度，半锁定状态下可以进行绳索上逆向移动。

---

[1] 此处与（三）器材配备中有个别器材均有提及，但其说明的侧重点不同。

⑨ 下降器：通过绳索与金属间的摩擦力来进行制动控制的器材，能够使人或重物平稳下降或在空中制停。

⑩ 滑轮：一般由侧板、滚轮、主轴等部分组成，主要材质有铝合金、尼龙、钢等，主要用于绳索救援中改变绳索受力方向或省力。

⑪ 单滑轮：有一个滚轮的滑轮为单滑轮，侧板结构可以为可开式或固定侧板式。

⑫ 双滑轮：有两个滚轮的滑轮为双滑轮，绳索救援中主要使用的是两个滚轮共用同一主轴的双滑轮。

⑬ 扁带：由尼龙或聚酯纤维等材料经一定的编织工艺生产的带状物。扁带根据织造工艺可以分为平板式扁带和管式扁带。扁带还可分为扁带环、散扁带、锚点扁带等。

⑭ 钢缆：用于在周长较小或边缘粗糙的柱状锚点制作锚的器材。钢缆两端应当有可供挂接安全钩的连接孔。

⑮ 挂片套装：钢、铝合金制，由膨胀螺栓和孔径与螺栓相一致的挂片组合而成，用于在岩石或坚硬可靠的混凝土结构上临时制作锚。

⑯ 钢钎：钢制，一端为尖钉状，一端为便于锤砸的平头端。用多个钢钎在土地上临时打桩形成串连以设置锚时，钢钎直径宜为25mm，长度宜为120cm。

⑰ 分力板：铝合金制，平板状，板上均匀开有若干连接孔，同等口径的连接孔的承载强度相同，用于多个连接点汇集在一点时平均分散承载力。分力板根据型号大小可分为大、中、小号分力板。

⑱ 救援支架：作为人工临时锚点应当严格按照其使用说明进行操作，在设置双绳系统时，保护绳应当重新选择锚点设置，不应直接设置在救援支架上。

⑲ 势能吸收器：由扁带交叠缝制而成，配有保护套（包），两端有连接孔，在坠落时依靠扁带缝合处的不断撕裂来吸收坠落所产生的冲击力。

⑳ 担架：用于伤员的抬运和转移，可以分为船型担架、多功能担架、全包裹式担架等。

㉑ 垫布/护套：帆布或PVC材质。垫布四角可以开有便于连接辅助绳索或主锁的连接孔。护套一端应当有便于连接辅助绳索或主锁的

连接系带。在高温和易产生火花的环境下应当使用能够防护高温的垫布或护套。

㉒ 边角护轮/护绳关节：铝合金材质，由护槽、保护滚轮等组成，可以独立使用也可以用梅陇锁串连使用。在边角处使用边角护轮或护绳关节不应少于2段串连，宜采用4段串连。

山地救援相关器材装备必须符合国家《消防用防坠落装备》标准要求。

（二）车辆配备

表2-2　车辆配备表

序号	名称	规格/用途	数量	备注
1	山地越野车	四驱，排量3.0L以上或2.0T以上，用于运送人员、器材。每个分队4辆	8	必配
2	人员运输车	23座，用于运送救援人员和器材，在救护车到场前，可用于转移伤员。每个分队1辆	2	必配
3	装备运输车	主要负责运输装备器材，每个分队1辆	2	必配

（三）器材配备

1. 个人装备

图2-4　防护服

山地救援装备的选择和组合搭配通常会根据现场作业环境、作业需求或个人习惯而有所区别，不同救援队或同一团队中的不同作业人员使用和选配的单兵装备可能也会存在差异。通常来说，常见的山地救援个人装备包含以下几种。

① 防护服：在作业过程中保护作业人员身体免受各种伤害的一种特殊材质制成的服装，具有阻燃、耐磨、轻便、抗拉力强、颜色及标识醒目等特点（图2-4）。作业时必须穿着防护服，上衣下摆扎进裤子内，裤脚扎进防护靴内。

② 防护头盔：在作业过程中，发生物品下坠冲击和人员坠落时保护头部的一种防护装备，具有绝缘、阻燃和防穿刺性能，要求盔顶至少能承受5kg物体从2m高度落下的撞击能力（图2-5）。作业过程中作业者必须佩戴头盔，佩戴时松紧度应合适，确保作业者抬头或低头时头盔不晃动。佩戴时发现头盔有外壳变形、裂痕，内衬连接点受损，下颌带破裂、腐蚀等现象，应立即停止使用。

图2-5　防护头盔

③ 佩戴式头灯：在夜间、黑暗或者能见度较低的环境中作业时提供照明的一种便携装备，具有防水性能好、照明时间长、重量轻等特点（图2-6）。使用时固定在头盔帽檐的正上方，调节好弹性松紧带，确保作业过程中不会掉落。日常维护要注意检查纺织部件是否有切割、磨损、灼伤、开线、拉开等现象，注意定期充放电，确保装备完整好用。

图2-6　佩戴式头灯

④ 防护手套：用于保护作业人员的手部，确保人身安全（图2-7）。作业者在作业过程中必须佩戴防护手套，如有纺织部位被切割、磨损、灼伤，变软区域有线头（开线）等情况，禁止使用。

图2-7　防护手套

⑤ 护具：作业过程中保护肘部和膝盖等关键部位的一种防护装具，具有耐磨、高抗性、韧性极强、透气好、轻便等特点（图2-8）。

图2-8　护具

图2-9　防护靴

图2-10　全身式安全吊带

图2-11　组合式安全吊带

⑥ 防护靴：作业过程中保护作业人员足和踝部的一种防护装备，具有防水、防滑、防穿刺、绝缘等特点（图2-9）。穿戴时要特别注意鞋带余长处理，防止作业过程中钩挂障碍物，影响作业安全。

⑦ 全身式安全吊带：通常在胸部、腹部及后背各有一个D形环作为吊挂系缚点，用于连接上升器、下降器、安全绳和防坠落设施等，是作业人员身体主要受力点，腰部两侧也各有一个D形环，用于水平定点作业系缚受力（图2-10）。

⑧ 组合式安全吊带：一种新型、专业、特殊用途的全身式安全带，由胸式安全吊带和半身式安全吊带组成，既可单独使用，又可组合使用（图2-11）。

⑨ 胸式上升器：固定在胸前与全身式安全吊带配合使用，沿绳索向上攀登所用的一种专用上升装备，具有安装方便、快捷、安全性高的特点（图2-12）。用安全锁将上升器安装在全身式安全吊带的胸前位置，通过手式上升器和胸式上升器交替配合向上攀爬。当上升器弹簧失效或者绳槽部位磨损超过金属本身厚度的五分之一时禁止使用。

⑩ 手式上升器：在绳索上攀登的一种爪齿受力装备（图2-13），包括左手使用和右手使用两种型号。手式上升器仅作为绳索攀登装备使用，严禁当作防坠落装备使用，使用前必须检查框架、连接孔、凸轮、安全开关、弹簧和凸轮轴等部件的完好情况，特别要检查凸轮的移动性及其弹簧的弹力，必须确保凸轮齿无任何阻挡物阻挡。

⑪自动制停下降器：一种新型带有防慌乱功能的自动制停保护器，具备上升和下降制停功能，在作业人员操作出现慌乱情况时，能够自动制停，避免坠落风险（图2-14）。安装自动制停下降器时要注意检查是否安装正确，尤其是受力方向和侧板的情况，当下降器出现划痕、变形、断裂、磨损和腐蚀等现象时，禁止使用。通过操作多功能手柄控制下降和停止，若操作手柄用力过猛或突然松手，其防慌乱功能会使下降器迅速停止下降，停止下降后要立即将操作手柄处于关闭状态。

⑫脚踏带：用于配合手式上升器沿绳索向上攀登，起到提高攀爬速度的作用，使用时要根据作业人员自身的需要调整长度，确保身体的重心与攀爬方向一致（图2-15）。

⑬止坠器：分为齿轮（咬齿）和挤压两种类型，与势能吸收包和牛尾绳配套使用（图2-16）。通常适用于双绳技术，使用时必须确保其在保护绳上正确安装（反装将导致制停失效而发生坠落危险），安装后必须检查确认安装方向及做瞬间锁止测试。使用时随作业人员的升降而自由上下移动，一旦发生冲坠则立即制停起到保护作用，类似于汽车安全带的原理。使用时应避免碰到飞溅的污渍（油漆、水泥等），只要出现卡齿缺

图2-12　胸式上升器

图2-13　手式上升器

图2-14　自动制停下降器

图2-15　脚踏带

图2-16　止坠器

图2-17　势能吸收包

图2-18　小椭圆形梅陇锁

图2-19　主锁

失，整体部位断裂、划痕、变形、磨损、腐蚀等情况，严禁再次使用。

⑭ 势能吸收包：与齿轮（咬齿）止坠器和牛尾绳配套使用，在作业过程中突发冲坠时吸收能量，起到缓冲保护的作用（图2-17）。坠落高度为"牛尾绳长度+势能吸收包长度"，坠落后的安全长度为"牛尾绳长度+势能吸收包打开的长度（1.75m+1m）"，坠落时传递到人体的力量不能大于6kN，势能吸收包在静态悬吊的时候施加15kN的拉力下不会拉开。凡承受过坠落系数超过1的冲击的势能吸收包，严禁再次使用。

⑮ 小椭圆形梅陇锁：用于连接绳索和各种装备（图2-18）。其横向能承受的拉力至少要达到25kN，纵向能承受的拉力必须达到10kN。梅隆锁为半永久型主锁，需要用扳手将锁门拧紧。

⑯ 主锁：用于连接绳索和各种装备的受力部分，是绳索系统中最重要的装备之一，按材质分为钢制、合金制两种（图2-19）。主锁的强度至少要达到能承受15kN负荷，常见的有D形、偏D形、梨形、O形等形状。主锁的锁闭机构分为丝门锁、自动锁、快挂等。

主锁使用时应确保锁门完全关闭并且上锁，避免意外松脱打开。通常上锁方向朝下，防止长距离下降时松开。使用双锁时，锁门不要并列。D形主锁不得连接固定板滑轮。冰雪、泥沙环境通常不适用自动锁。主锁的锁门是最脆弱的部分，使用时严禁主锁横向受力。

⑰ 动力绳：具有理想的弹性，用于作业时连接安全吊带与固定保护点，或者连接安全吊带与作业人员身上的装备（图2-20）。

图2-20　动力绳

2. 分队装备

① 滑轮：主要在各类绳索技术系统中用于改变方向、节省力量、移动、滑动、保护等（图2-21）。滑轮的种类很多，没有固定的使用原则，通常会根据不同的场合和技术需求选择使用各类滑轮，如在制作倍力系统时，尽可能使用高效滑轮；在双绳技术系统中优先使用双滑轮；在缆车索道上滑动时必须使用专用滑轮。应严格记录滑轮生产日期、采购日期、首次使用时间及是否经历过坠落系数超过1的坠落冲击。滑轮使用前应检查确认连接孔和滑轮凹槽是否存在变形、划痕、裂缝、磨损、腐蚀等现象，侧板开关是否顺滑。常见的滑轮有单滑轮、固定侧板滑轮、双滑轮（如图2-21所示从右到左）。

② 索道滑轮：主要由铝合金主体和塑料轮组成，大开口及大直径滑轮可用于直径55mm的钢缆（图2-22）。

图2-21　滑轮

图2-22　索道滑轮

图2-23　旋转滑轮

图2-24　扁带环

图2-25　工字锁

③ 旋转滑轮：主要由铝合金主体和滑轮组成，特点是连接环和滑轮主体之间能360°任意旋转，常用于制作倍力系统，能够很好地解决绳索受力时的旋转缠绕问题（图2-23）。

④ 扁带环：用于制作锚点（保护站），或者制作担架等，能承受的力不低于20kN，长度通常有60cm、90cm、120cm、150cm、200cm等规格（图2-24），另外还有一种可调节长度的扁带环。其在制作绳索系统时折叠或者双股使用，能成倍增加所能承受的力；使用过程中应避开尖锐物体，禁止踩踏，防止其强度减弱、撕裂和断裂。

⑤ 工字锁：主要用在制作锚点（保护站）的过程中，建筑构件比较大或者无法使用环绕方法进行固定时，可利用工字锁通过门窗制作锚点，具有材料轻巧、便于携带等特点，安装时无须借助任何工具（图2-25）。在安装制作锚点（保护站）时，要选择稳定、坚固的物体，确保扣锁锁牢，并设置双保护。工字锁使用前应仔细检查主体是否存在断裂、划痕、变形、磨损、腐蚀等现象，如有上述情况禁止使用。

⑥ 攀爬钩：主要由大口径的钢钩、绳索、势能吸收包组成，用于在攀登铁塔、铁架等构筑物过程中，以及在围杆边缘、区域限制等场所作业时保护作业人员安全（图2-26）。向上攀登铁塔、铁架等构筑物时，要将两个大钢钩交替系挂在牢固的物体上，并始终确保有一个保护点高于肩部。攀爬钩使用前要检查其是否完整，有无短缺、伤残破损，绳索、扁带有无脆裂、断股或扭结，金属配件有无裂纹，焊接

处有无缺陷、严重锈蚀等现象，如有上述情况禁止使用。

⑦ 分力板：主要在绳索系统中需要分力或合力的情况下使用，如Y型锚点、担架制作、T型救援等（图2-27）。其材料多为铝合金材质，包括单数孔和双数孔两种类型。挂扣孔分力要均匀，一个挂扣孔只允许挂一把锁。禁止使用断裂、划痕、变形、磨损、腐蚀的分力板，严禁使用经历过坠落系数为1或更大的坠落冲击的分力板。

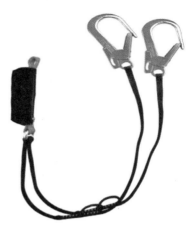

图2-26　攀爬钩

⑧ 钢缆：主要用来制作锚点（保护站），或用于不适合使用编织类器材做锚点的复杂环境区域，两端设计有连接环，方便快速连接（图2-28）。其长度、重量及拉力等参数请参照产品说明书。制作锚点时可根据不同的环境选择钢缆的长度，在绳索经过尖锐部位时可使用钢缆替代受力，确保绳索不被磨损。使用过程中应严格记录其生产日期、采购日期、首次使用时间，以及是否经历过坠落系数为1或更大的坠落冲击；注意检查主体是否有断裂、划痕、变形、磨损、腐蚀等现象，如有以上情况禁止使用。

图2-27　分力板

图2-28　钢缆

⑨ 救援三角吊带：主要用于救助、转移受困者或伤员，包括成年人救助使用和儿童救助使用两种规格（图2-29）。使用过程中要严格记

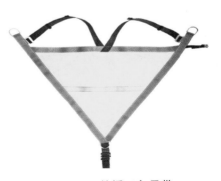

图2-29　救援三角吊带

图2-30　绳索背包

录生产日期、采购日期、首次使用时间，以及是否经历过坠落系数超过1的坠落冲击。救援三角吊带使用前应重点检查纺织部位是否有被切割、磨损、灼伤、开线、缝合被拉开现象，是否有与化学品接触过的痕迹，如有以上情况禁止使用。

⑩ 绳索背包：主要用于将装备分类存放、携带、运输，也可将不同长度的绳索进行分类整理（图2-30）。

⑪ 篮式担架：主要用于在特殊情况下受困人员的急救转移，如野外、山区、空中等救援。其通常由特殊塑料和不锈钢材料制成，篮筐结构具有操作简便、可靠、安全、快捷等特点（图2-31）。篮式担架要按照程序安装使用，确保牢固，伤员在担架内部的固定要舒适。水平救出时伤员的头部要略高于脚部；垂直救出时要利用绳索再次将担架加固，防止担架断裂。

图2-31　篮式担架

⑫ 电动升降机：主要用于在山地救援中上升或下降，辅助攀登和下降作业，具有远距离无线遥控和防水功能（图2-32）。使用时必须要在保护绳上同步安装止坠保护器，并根据需要选择遥控或人工操作模式，严禁超负荷使用，日常维护保养要注意对电池定期充放电。

⑬ 救生抛投器：用于在远距离作业时，点对点抛投牵引绳，便于架设绳索或快速救援作业（图2-33）。配有瞄准器和斜度仪，可根据现场实际情况选择抛射弹，调节抛投角度。抛投器任何情况下严禁对人或动物。

⑭ 测距仪：主要用于在山地救援作业时测量作业空间的距离

图2-32　电动升降机

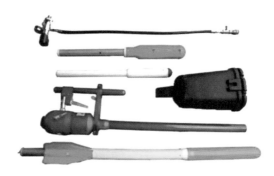

图2-33　救生抛投器

（图2-34）。使用时将显示屏中的十字架对准所要测量的目标物体，按下测量按钮，十字架下方即出现所在地与测量物之间的距离。通常被测目标越大、表面越平整、颜色越浅，测量就越精准；空气中有雾，或在强光下测量通常会有一定的误差。

图2-34　测距仪

五、消防山地救援队伍能力评估

为全面建设专业高效的山地救援队伍，培养和储备专业人才，要按照"革新救援理念，规范救援程序，强化安全意识，紧贴实战需求"的训练思路，坚持平战结合、定期轮训，从难从严开展专业技术训练；要充分整合力量，选拔精干队员，承担综合救援攻坚克难任务，扎实做好应急救援准备。

（一）基础知识的掌握应用

1. 理论知识

系统学习山地事故救援理论基础知识、地形图知识、绳索救援基础理论知识、定向与搜救知识、野外生存技巧理论知识、户外医学理论知识等。

2.基本技能

熟练掌握一个或多个绳索救援系统的基础知识和操作技能；野外急救常识（伤口处理、肢体固定、心肺复苏）；野外生存技能［识图（等高线、地形图），基础识物，避难所搭建，野外取火、取水］；追踪搜救技术等各项技能。

3.辖区情况熟悉

熟悉辖区主要山脉总体分布、走向、地形和地貌。熟悉辖区山地气候情况。

4.心理素质

具有危急环境中独立而冷静的思考能力，具备协同作战、科学施救的良好意识和战术素养，培养良好的职业道德和强烈的社会责任感。

5.综合应用

掌握系统救援技术的基本方法和基本技能，具备将所学技术应用于实战的能力。

（二）训练模式

结合总队综合应急救援机动支队山地救援队建设要求及任务需要，开展相关科目训练，同时山地救援队要根据实际情况，每半年组织全体人员开展不少于15天的轮训，每年联合开展辖区熟悉（演练）不少于2次，每年野外生存训练不少于1次。救援分队每月开展辖区熟悉（演练）不少于1次（图2-35）。

（三）考核机制

山地救援队实行队员选拔、年度考核、认证考核机制，坚持"一致性、客观性、公平性、公开性"原则，把考核结果作为队员评先评优的重要依据，增强队员的荣誉感和使命感。

1.队员选拔

① 本人申请。由本人在选拔工作开始前向所在单位提出书面申请。

图2-35　山地救援演练

申请人需具备一定业务技能水平，基础体、技能达标且须通过绳索救援初级以上资质认证，方可参加山地救援专业队队员选拔。

② 选拔考评。各救援分队会同所在单位业务部门，根据理论知识、基本技能、辖区情况熟悉、心理素质、综合应用等内容对申请人进行考核，择优选拔。

③ 组织审批。由救援分队所在单位业务部门按照有关规定向支队党委上报队员选拔考核情况，由支队党委研究批准。

2. 认证考核

根据总队培训安排，获得绳索救援初级资质认证的人员可以申请晋级绳索救援中级资质；获得绳索救援中级资质认证的人员可以申请晋级绳索救援高级资质（图2-36）。

图2-36　山地救援技术认证考核

3.年度考核

山地救援队要根据辖区山地事故救援特点，有针对性地制定山地救援队员考核方案，每半年要组织一次考核，考核情况作为队员评先评优的重要依据。

（四）训练设施

山地救援队训练设施设备应提前谋划、打破常规，根据救援难度及特殊灾害类型建设一些针对性强的设施设备（图2-37）。

图2-37　山地救援训练设施

1.简易式训练设施

简易式训练设施能够完成个人绳索技术全套训练，可供8～10人同时训练（图2-38）。此设施可安装在消防车库，不影响消防车出入库，具体尺寸可根据车库大小在最小尺寸和最大尺寸间进行调节：

最小尺寸：5200mm（长）×4200mm（宽）×3900mm（高）；

最大尺寸：5200mm（长）×4900mm（宽）×4300mm（高）。

个人绳索技术全套训练包括：

① 垂直上升技术；

② 垂直下降技术；

③ 垂直上升转下降；

图 2-38　简易式训练设施

④ 垂直下降转上升；

⑤ 垂直上升及下降通过绳结；

⑥ 微距上升，微距下降；

⑦ 换绳操作技术；

⑧ 上升及下降通过中途锚点；

⑨ 上升及下降通过单偏离点；

⑩ 上升及下降通过双偏离点；

⑪ 上升及下降通过绳索保护套；

⑫ 上升及下降通过水平平台；

⑬ 无锚点的横向辅助攀登及通过障碍爬梯操作；

⑭ 有锚点的横向辅助攀登；

⑮ 伤患在下降状态的救援；

⑯ 伤患在上升状态的救援。

2. 专业式训练设施

专业式训练设施可供 20 ～ 30 人同时训练，能够完成个人技术和团队技术全套训练（图 2-39）：

① 个人技术的所有技能训练；

② 团队技能的 TTRS 训练；

图2-39　专业式训练设施

③ 团队技能的水平救援训练；

④ 团队技能的V型救援训练；

⑤ 团队技能的OFFSET救援训练；

⑥ 团队技能的交叉拖拉救援训练；

⑦ 团队技能的斜拉救援训练；

⑧ 团队技能的T型救援训练。

3. 综合式训练设施

综合式训练设施可供40～60人同时训练，能够完成个人技术和团队技术全套训练（图2-40）：

① 个人技术的所有技能训练；

② 团队技能的TTRS训练；

③ 团队技能的水平救援训练；

④ 团队技能的V型救援训练；

⑤ 团队技能的OFFSET救援训练；

⑥ 团队技能的交叉拖拉救援训练；

⑦ 团队技能的斜拉救援训练；

⑧ 团队技能的T型救援训练。

图2-40 综合式训练设施

4.模拟山体设施设备模块

建议建设长60m、高15m的模拟山体,其中包括一个长为20m,坡度为30°～60°的斜坡山体;一个长为20m,坡度为60°～90°的斜坡山体;一个长为20m,坡度为负角度的斜坡山体;高度统一为15m。其主要用于攀岩、基础锚点设置、Y型锚点设置、三点保护站架设、向上及向下救人操作、拖拽系统救人操作、救生通道下降操作、担架向上/向下救人操作、救生通道搭建等综合性救援操作方法的训练(图2-41)。

图2-41 高角度救援技术训练设施

5.模拟索道设施设备模块

建议建设高20m、跨度60m的模拟索道缆车。主要用于索道塔攀登训练、开启轿厢门训练、不同途径进入轿厢门训练、梯次救出轿厢门被困人员训练、针对索道救援开展的一些创新训练（图2-42）。

图2-42　缆车事故救援训练设施

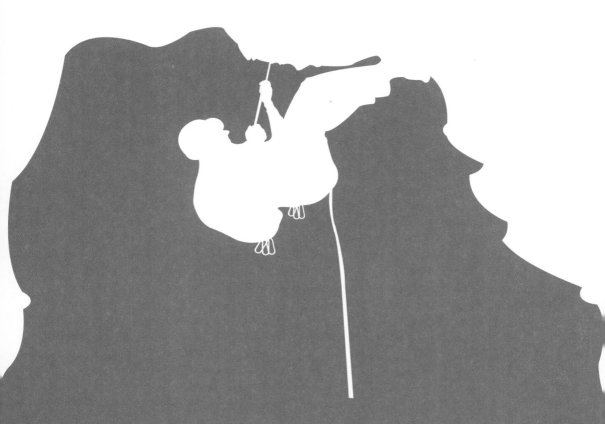

第三章
消防山地救援程序和方法

消防山地救援行动应坚持"救人第一,科学施救"的指导思想,遵循"快捷、安全、高效"的原则,最大限度保护人民生命财产安全。本指南非强制性规程,仅作为决策指挥和迅速救援的参考依据。

一、消防山地救援基本原则

结合我国实际，特别是消防救援队伍出动参战的特点，提炼出在山地救援中应该遵循的一些基本原则：

① 接到报警后，首先了解详细情况，填写出警单和做一些详细登记，并迅速向上级报告情况，做好出动前人员抽调、器材装备、通信宣传、后勤保障的准备。

② 必要时，消防救援队伍应当和当地或附近的专业山地搜救机构或组织取得联系，邀请他们配合或担任向导，这样可以避免因消防指战员不熟悉山区情况或缺乏经验而产生不必要的伤亡和损失。在无专业人员协助的情况下，应邀请本地人或熟悉地形者担任向导。

③ 成立作战指挥部，在当地党委、政府的统一领导下开展搜救行动。在指挥部内部，要明确人员分工，确定指挥长、指挥长助理、一线指挥员，以及宣传报道、后勤保障、医疗急救等人员。

④ 拟订搜救计划，根据报警人提供和掌握的信息，研究可行的搜救路线，范围较大时，可划分战斗小组分区域搜索（图3-1、图3-2）。在搜索过程中，各战斗小组要及时向指挥部报告情况并保持联系。

⑤ 搜救过程中，要设置安全员观察情况，防止发生二次灾害；要探清路面情况再行进，不可盲目冒进。发现遇险人员后，要根据其受伤情况采取必要的急救或医治措施，再利用担架、绳索、扁带等装备固定后转运到安全地带（图3-3）。救援人员可根据体力情况采取轮班的形式搜索，确保体力始终充沛。搜救过程中，要分时段对战斗人员和携带的装备物资进行清点。

⑥ 后勤保障要切实跟上，包括食品、药品、饮用水、日用品、救援器材、通信设备、照明器材等的补给、运送等。

⑦ 当搜救陷入僵局，需要反复搜救时，应划定区域、分组开展，并与指挥部和友邻搜救人员保持联系，全盘考虑气候、地形、道路等情况，预判风险，谨慎行动。

⑧ 遇到遇险人员时，应尽量遵循如下原则：

a.迷途受困：协助脱困、抚慰情绪、供应饮食、安置调养、护送下山。

图 3-1　人员搜索（一）

图 3-2　人员搜索（二）

图3-3　人员转移

b.轻微伤病：初步急救、抚慰情绪、供应饮食、安置调养、观察病况伤势、护送下山，必要时送医并交其亲友。

c.严重伤病：施与急救、安置护理、观察情况、注意饮食、抚慰情绪、考虑伤病况及路况决定行止、请求空中直升机支持及其他措施。妥善护理后，自行或配合后援人员（包括直升机）以最快、最安全的方式将伤员运送下山就医（图3-4）或交其亲友处理。

d.死亡：保持现场、拍照留证、遮蔽保护、设置标志，必要时留人看守，等候指示，最终交给相关单位或家属处理。

⑨ 消防救援队伍参加山地救援不应孤军作战，应在当地气象、公安、医疗、交通、林业、登山协会等部门组织的协助、配合下有序开展。

图3-4　安全转移下山

二、消防山地救援程序

（一）接警

消防救援队伍在接到山地救援报警后，必须迅速出动。一方面要迅速抽调精干力量组成救援队，另一方面要视情况向上级报告出动情况，并和有关部门对接、联系，做好协同作战准备。接警后应注意如下事项：

① 迅速搜集、准确掌握山地事故发生地点、事故概要、人员被困情况等出动指令内容。接警后，要询问清楚时间、地点和人员被困情况，了解山地地形特点和近期天气情况。

② 准确判断灾害事故的现场状况，拟定救援方案及选定必要的器材装备。根据报警和内部掌握的情况，推测灾害事故现场的地形、温差、地物特点，进一步判断灾害现场、行动障碍以及危险性，做好山地救援的思想准备，选定救援路线、方法，带好必要的及选配的器材装备。

（二）出动

1.出动准备

在出动时，消防救援队伍应当注意以下事项。

① 出动命令下达后，指战员要紧张有序登车，防止人员相互碰撞和摔倒。

② 出动前一定要检查选定的器材装备是否带齐，放置在消防车内是否固定，防止器材装备漏带、误带。

2.出动途中注意事项

① 利用车载通信器材与调度指挥中心保持联系，随时掌握现场的事故发展变化情况，根据需要请求相关部门增援和协助。

② 在出动途中，驾驶员要注意交通安全，遵守交通规则，防止发生交通事故。指挥员要密切注视路面情况，时时提醒驾驶员按规行车。

（三）整装行进

山地救援事故整装行进对参战指战员要求比较严格，所有参战指战员离车步行时，应及时向指挥中心报告，组织整理个人防护（扎紧袖口、裤口），分工携带器材，在向导带领下向事故地点行进。山地行进一般成纵队行进，相互间隔2～3m，前方开道和后方押队人员由指挥员或经验丰富的指战员担任。发现沟洞、陷阱等障碍时，要向后传话注意闪避；遇到毒蛇、马蜂、野兽时，要小心避开；在地形复杂的地区，要预先布设指示标志，便于返回时遵循。

图3-5　营救行动前动员

（四）到达现场

到达现场后，指挥员要迅速了解掌握现场事故状况和山地环境，确定营救方法和步骤，明确分工（图3-5）。在有当地党委、政府领导的情况下，要主动请示、对接，在地方指挥部的统一领导下开展救援，并积极和公安、林业、交通、护林队、登山协会对接，协同作战。

1. 正确判断事故现场

只有掌握有效、准确和全面的信息，才能为确定救援路线、方法，选择器材装备，后勤保障，安全注意事项方面的决策提供科学依据。判断事故现场情况可以从以下几个方面入手。

① 灾害的类型及规模。指挥员要观察灾害现场，并向知情人或附近人员了解相关情况，收集情报，确认灾害内容、灾害状况和待救者数量等。

② 待救者的位置和状态。到达现场后，指挥员应尽快确认待救者的准确位置、受伤与否以及初步判断营救过程中有无障碍物、何种障碍物等。

③ 周边环境。进行救援时，应注意事故现场的地形、土质、气温、有无动物侵袭以及现场上空有无可能影响救助行动的不利因素等情况。

④ 请求增援情况。根据已经明确的上述情况，结合消防救援队伍人员、装备实际，如果救援难度较大，应及时通过地方党委、政府调

度军队、公安、医疗、林业、专业救援队等相关部门和单位到场增援。

2. 加强现场管理

指挥员必须加强现场指战员的管理，严禁私自行动，实行统一集中管理。需要行动时，要交代行动纪律和安全注意事项；需要分组行动时，必须明确各组负责人，由战斗经验丰富的班长骨干带队，并明确联络方式，要及时向指挥员报告情况。

3. 合理分配任务

合理分工是提高救援效率、确保顺利救援的关键。

① 要明确指战员的职责任务。在下达命令时，要明确、具体，同时充分考虑到每一名指战员的作战能力、心理素质和战斗经验。

② 多部门协同营救时，要在上级的统一指挥下，各部门首先要确认合作的方法、开始的时间、活动的范围、联络的方式等，然后再分头行动。

（五）救援过程

① 救援过程的要求是：安全、准确、迅速。消防救援人员要立足实际，合理运用常规的山地救援方法，有效、合理地将被困者救出。

② 救援行动应注意的事项：一要防止发生二次灾害事故；二要有效地处理现场的各种障碍物；三要充分利用现场的环境，如树木、岩石等；四要针对待救者的受伤状况请求救护；五要对待救者进行紧急处置。

③ 救援中要设置安全员，及时观察、通报现场救援情况，防止发生二次灾害。

（六）返回

① 清点人数、检查收回使用器材。救助活动结束后，应在事故现场认真清点人数、迅速收整器材。

② 强调路途安全。救援行动结束后，队员由于在身心上放松或疲劳易造成注意力减弱，特别是体力消耗后更容易造成事故，指挥员必须反复强调路途安全，实行分班替换方式。

（七）归队

从灾害现场归队后，应进行以下检查、整理，做好再次出动的准备。要检查使用器材装备的数量、性能以及有关损伤情况，及时调换破损及报废器材，补充燃料；进行车辆的检查、维护、保养；进行个人防护装备的检查、更换；及时对此次救援处置进行战评。

三、消防山地救援一般对策

（一）提前准备必备的器材装备

消防山地救援队伍应当充分发挥装备的优越性，在山地救助中，高性能的救援装备是成功施救的重要条件。指战员必须在日常器材装备的熟悉和训练时针对性了解和掌握山地救援装备的用途、性能、特点、使用方法和注意事项。根据目前消防救援队伍参与山地救援的情况来看，常见器材装备包括：绳索、消防腰带、安全吊带、安全钩、缓降器、救生担架、攀爬装备、照明灯、呼救器、通信电台、多功能刀具、扩音器等常规装备，有时甚至需要侦检器材、抛投器、空气呼吸器、搜救犬、吊车、直升机等特殊装备器材。另外，所有指战员务必熟练掌握绳索基础知识，救援绳索是消防救援队伍在抢险救援中十分重要的救援器材和个人防护装备，正确检查、使用救援绳索对于保障使用者和被救人员安全都十分重要。现就救援绳索使用的一般性注意事项做一个介绍，供大家参考。

绳索使用中应严格遵循下列要求：

① 第一次使用绳索时应该为绳索建立档案，严格记录绳索的每次使用情况。

② 绳索在不使用时应该放入绳索包中，以避免绳索在运输、存储过程中可能造成的损伤。

③ 在每次使用绳索前，应该认真检查绳索是否存在划伤、严重磨损、被化学物质腐蚀、变粗、变细、变软、变硬等情况，如果发生上述情况，立即停止使用该绳索。

④ 不要在地面上拖拉绳索，不要踩踏绳索。拖拉和踩踏绳索会使砂砾碾磨绳索外部保护层，导致绳索磨损加速。

⑤ 绳索水平使用时，不要跨骑绳索。跨越或靠近负重的绳索时，一旦断裂绳索飞出，可能造成危险。跨越未负重的绳索时，如果它忽然承重，也可能发生危险。为保证安全，绳索水平负重牵引时，无关人员不得站在绳索任何一端安全作业区域内。

⑥ 避免锋利边角刮割绳索。当绳索负重时，拐角磨损加大，并可能切断绳索，可利用边角衬垫、墙角护轮或各种不同方式保护绳索。

⑦ 绳索使用完毕后，如果绳索脏了应该对绳索进行清洗。清洗时应该使用中性的洗涤剂，然后用清水冲洗干净，放置在阴凉的环境中风干，不要放在太阳下晒干。

⑧ 绳索在使用前也应该检查与之配套的挂钩、滑轮、缓降8字环等器材有无会伤及绳索的严重损伤。

⑨ 绳索在使用和存放时，应避免绳索接触化学物质。任何损害尼龙或聚酯的物质都对绳索不利。应把救援绳存放在避光、凉爽、无有害化学物质的地方，最好使用绳包存放绳索。

当发生下列情况时，严禁继续使用绳索：

① 发现绳索变软、变硬、变色或有直径上的变化；

② 发现绳索外层护套有切口、严重磨损或可看到内部的绳芯；

③ 绳索承受过超载负荷（如用车辆进行过牵拉操作）或承受过坠落负荷；

④ 绳索曾被用于方法不当的救援操作，或绳索曾被非救援人员使用过。

到目前为止，还没有能够准确检查出救援绳索还能使用多久的无损害性测试方法。检查救援绳包括视觉检查损坏程度、感觉检查损坏程度和检查绳索使用次数的历史记录。决定绳索是退役还是继续使用，需要我们在使用中不断积累经验。但我们必须牢记的是：爱护绳索就是爱护我们自己的生命。

（二）熟练掌握常见山地救援方法

在平时训练中，消防救援队伍可以邀请林业部门、登山协会、专业山地救援队为指战员讲授、示范常见的山地救援方法，提升指战员实战能力。常见的山地救援方法包括三类：第一类是平缓山地救援法，包括徒手搬运法、担架搬运法、背负搬运法、树橇搬运法等；第二类是陡峭山崖地带救援法，包括悬垂救援法、降下救援法、利用担架下降救援法、悬空救援法、使用钢丝索道从谷底实施救援法；第三类是山谷、溪涧地带救援法，包括涉水渡河救援法、架设索道过河救援法、利用漂浮物救援法、利用竹（木）筏救援法等。

1.平缓山地救援法

在山路或者山坡比较平缓，便于救援人员行走站立的地方运送伤员时，救援人员在确认自身安全、不需要特殊工具的情况下可以采用徒手、背负、担架等常规搬运方法救助遇难伤员（图3-6）。此法一般可分为：

图3-6　平缓山地救援

① 徒手搬运法。这种方法是仅靠双手近距离移动伤员，主要有肩托助走法、抱起移动法、身后拖拉法、利用伤员的衣服进行搬运法。

② 背负搬运法。这种方法是将伤员背起来运送的方法，主要有徒手背负法、利用绳索背人法、登山背包背负伤员法、用背架背伤员法等。

③ 担架搬运法。遇到伤员的头部、胸部受重伤，或腿部骨折不能独立行走，以及颈椎、脊椎等骨折时，只能使用担架搬运。担架搬运是转移重伤员的基本方法。担架搬运较容易保持稳定，不仅可以避免

给伤员造成更大痛苦，而且还适合长距离地运送。通常情况下可以使用专用担架，紧急情况下可以临时制作担架。

④ 树橇搬运法。在找不到其他合适的搬运器材时，可以从附近砍些树枝做成树橇运送伤员。由于树橇与地面之间的摩擦力很大，因此这种方法不适用于上坡路的搬运，但在雪后冻硬的路面、石板路或者竹丛当中，却往往会发挥出意想不到的功效。

2.陡峭山崖地带救援法

在山崖地带实施救援（图3-7）往往会遇到许多超出想象的困难，一旦失足就有坠落的危险，另外还随时都可能被山上滚落的碎石砸伤。

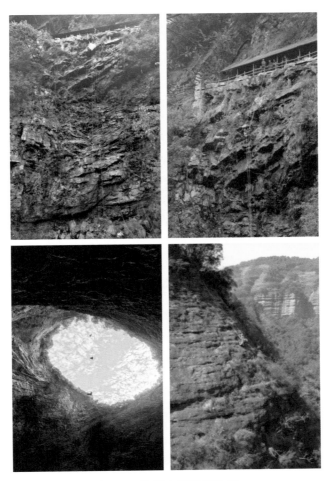

图3-7　陡峭山崖地带救援

因此，救援活动必须由那些具有出色攀登技术和救援技术的人员来实施，而且必须特别小心。具体的救援技法如下：

① 悬垂救援法。救援人员将伤员背在身上，然后抓住绳索从悬崖上降下来的方法。虽然每次只能下降与绳索长度相当的高度，但这种方法不需要使用大量的绳索。

② 降下救援法。救援人员利用上部制动，将救援人员和伤员一起降下悬崖的方法。采用这种方法可以在悬崖上面不断接长绳索，因此一次可以下降较长距离。

③ 利用担架下降救援法。当伤员伤势严重，无法背着下降时，可将伤员放在担架或篮型担架中吊下去，但必须注意不能让担架碰上岩石，也不能发生上下左右的倾斜。

④ 悬空救援法。此法分为从悬崖上面实施救援的方法和从悬崖底下实施救援的方法。

⑤ 使用钢丝索道从谷底实施救援法。遇有山腰岩沟等岩石地形时，在两岸架上钢丝索道，利用钢丝索道救助遇险人员或搬运物品不仅速度快而且还很安全。

3.山谷、溪涧地带救援法

在山谷、溪涧地带实施救援采取的方法一般有以下几种。

（1）涉水渡河救援法

① 下水法。救援人员应选择安全且较接近落水者的位置下水，下水后应迅速前往落水者位置，同时不断注视落水者，避免失去其踪影。

a.滑入式：适用于水底环境及水深不明的情况。

● 救援人员先安全地坐在岸边；

● 救援人员要不断注视落水者；

● 救援人员双脚放进水中，慢慢探索水中的情况；

● 救援人员以双手支撑身体，让身体慢慢滑入水中；

● 救援人员下水后迅速游往落水者位置并持续注视落水者。

b.跨步式：适用于水底清澈，与水面距离不超过1m，同时有足够水深的情况。下水时要不断注视落水者。跨步式的好处在于下水后头部仍保持在水面之上，以便持续注视落水者。

● 站在岸边，将一只脚尽量踏向水中较远处；
● 前腿膝部微曲跨前；
● 后腿膝部同时微曲后伸；
● 上身前倾，与水面约呈40°角；
● 双手前伸成V形，手肘微曲，手掌向下；
● 向前望并注视落水者；
● 腰部沉于水中时，双手应立即向下压；
● 双脚呈剪刀状踢水，以免身体继续下沉；
● 在整个过程中，应保持头部露出水面。

c.打桩式：适用于水面距离地面1m以上，同时有足够水深的情况。

● 救援人员一只手扶住头盔，一只手向下拉住救生衣；
● 慢慢将一只脚向前踏步，离开岸边；
● 双脚紧合伸直，保持身体垂直入水；
● 身体进入水中后，应将身体微微向前倾，以免继续下沉；
● 拨动双手及双脚，帮助身体浮上水面。

② 护卫法。

a.戒备位置：一个警觉性防卫动作，目的是在安全距离对落水者做出评估。救援人员应与落水者保持3m距离，虽然此数值只是一个基本的安全约数，但救援人员仍须确定与落水者所保持的实际距离，已达到安全程度。

b.逆退法：适用于救援人员与落水者距离较近的情况，并且预计落水者会企图扑向救援人员。

c.压离法：若落水者突然抱向救援人员而救援人员未能及时运用逆退法，则可利用压离法将落水者推开。具体操作如下：

● 提起辅助物，以手或脚推开落水者，阻止其前扑；
● 直接把辅助物置于落水者胸前，并用力把其推开。

③ 脱身法。当救援人员不慎被落水者缠住，可用脱身法避免自己身陷险境。

a.抽臂脱身法：适用于救援人员手腕意外被落水者握住的情况。

具体操作如下：

● 当救援人员在水中被落水者握住手部时，救援人员须将双手十指紧扣，以落水者手部虎口(大拇指)方向为脱离方向，迅速发力，挣脱落水者的纠缠；

● 摆脱后，应迅速提起被握的手，以免落水者继续纠缠。

b.推离脱身法：适用于被落水者正面紧抱着头、颈、胸或身体等部位的情况。具体操作如下：

● 当救援人员在水中被落水者紧压双肩时，救援人员应立即深呼吸及垂下头，以保护喉部；

● 继而迅速将双手按住落水者的胸膛、腋窝或腰部，并用力向上推；

● 救援人员的身体会下沉，然后迅速后退，离开落水者；

● 救援人员应在身体下沉的同时，以双腕的力量托住落水者双臂近腋窝部分，以摆脱落水者。

④ 助浮物拖救法。该方法适用于拖救昏迷的落水者。

⑤ 直接拖救法。如没有助浮物协助，可向清醒且合作或昏迷的落水者，施以直接拖救法。

⑥ 扶持位置。救援人员在登岸前扶持落水者。

⑦ 协助落水者登岸。

a.拖行法：适用于落水者不能对救援人员做出适当配合动作的情况。具体操作如下：

● 双手从落水者背后穿过其腋下，握紧落水者双手手腕及前臂，使落水者背部紧贴救援人员的胸部；

● 救援人员向后倒退拖行，并注意背后情况。

b.马镫式：适用于落水者能够对救援员做出适当配合动作的情况。具体操作如下：

● 指导落水者用双手紧按岸边；

● 救援人员以单手抓紧岸边，另一只手则托住落水者一足，作为落水者的脚踏，使落水者借力登岸。

⑧ 水上人工呼吸。当救援落水者时，如发现其没有呼吸而又未能

及时上岸，须立即以口对鼻的形式进行水上人工呼吸，以增加其生存机会。

（2）架设索道过河救援法

如果水流又深又急，涉水渡河非常困难，可以用绳索（11mm双股）架设索道利用索道过河。索道应尽量架设在河面较窄的地方，架设高度必须高出水面3m以上，因为索道受到人体重力会下垂，保持3m以上的高度是为了在索道下垂的情况下也不会触到水面。

（3）利用漂浮物救援法

当河水很深，必须游泳（图3-8）才能渡过去的时候，可以借助于漂浮物，例如大小合适的木桩（必须是干透的）等都可以当漂浮物使用。如果需要浮力较大的漂浮物，可以将不漏气的塑料袋吹满空气后密封起来装进背包里，这样做出来的浮漂有很大的浮力。

（4）利用竹（木）筏救援法

如果在现场能够比较容易地找到一些直径在20cm以上的树木、竹子，可以用绳子将其扎成木筏或竹筏，当河水较深时，用它来运送完全不会游泳的人或者运送遇难者遗体都非常方便。

图3-8　平跳式入水渡河救援

（三）必须遵循正确的山地救援程序

山地救援和一般抢险救援有所不同，其信息掌握的程度、装备调集的时间、后勤物资的调集、二次灾害的防范，都会受到很多限制，遇到意想不到的困难。为了安全、有序、高效地完成山地救援任务，消防救援队伍必须遵循正确的山地救援程序，灵活处置遇到的问题。山地救援一般处置程序为：接警、出动、整装行进、到达现场、救援过程、安全返回、归队。

（四）要做好后勤保障和物资供给

山地救援事故处置难度较大，不确定因素多，耗时较长，特别是当被困者失踪或坠崖后，消防救援人员需要进行较大区域、较长路线的搜救。一旦救援人员与后方距离较远，而搜救工作仍在继续时，后勤保障与物资供给就显得更为重要和紧迫。救援人员因体力消耗需要食品和矿泉水的补给；因夜间照明时间较长需要电池的更换；因天气变化、温差较大需要衣服、毛毯等的供给；因长期深入丛林、山间、溪地，难免发生皮肤过敏、生病感冒，需要药品的医治；等等，因此，要事先明确救援路线和区域范围，预估所用时间，做好后勤保障。对于需要深入搜索、耗时较长、路线较远的救援行动，要及时请示地方党委、政府，联合有关部门做好有关后勤保障工作，确保前方军心稳定，顺利开展救援工作。

（五）切实加强山地救援的安全管理

山地救援危险性高，不确定因素多，容易发生二次伤害，因此，各级指挥员应当高度重视山地救援的安全防护工作，在确保指战员人身安全的前提下开展搜救和救助。山地救援安全管理包括人的管理，即管好部属指战员、搜救队员的安全，严防跌落、摔伤、坠崖、失踪、中毒、溺水等；包括行程的管理，即管好行车安全、行进安全、救援操作过程的安全以及护送被困者返回的安全；包括器材装备的管理，即管理好器材装备，尽量避免发生丢失、损坏、伤人、遗落等情况，要求及时清点、回收器材装备，按规操作；包括夜间的管理，夜晚视线模糊，危险系数更高，必须夜间救援时一定要加强照明，用安全绳对人进行固定，对行进路线进行标记；包括天气异常的应对，当遇到雷暴天气时，应迅速离开山顶或山梁，不要躲在大树下面或湿润地带，身体要避开金属性物质，尽量选择干燥的地方趴伏着避难。

（六）要做好救援指战员的心理疏导和调适

实施山地救援时，由于灾害事故现场环境的多种刺激，难免会引起指战员心理的不平衡问题，出现紧张、焦虑、恐惧、注意力分散等心理现象，特别是进入特别危险的环境，或在搜救过程中出现迷路、和队友联系不上时，更容易出现心理的恐慌、绝望，从而影响救援工作，甚至引发二次伤害。指挥员或有关部门要及时对症下药，指派政工干部或心理医生随行，适时对救援指战员开展以舒缓心理压力为目的的心理调节，减轻指战员不必要的紧张和焦躁，集中精力完成救援任务。同时，告知救援指战员遇险时的紧急求助方法，使其在遇险时能保持镇定、冷静，想方设法创造条件获救。

（七）加强平时山地救援的模拟实战演练

辖区山地救援较多的执勤消防站，要针对性做好山地救援预案，按照预案开展实战演练，强化救援方法的熟悉和专业救援器材装备的操作。要提请地方党委、政府每年适时开展一次多部门联动的山地救援演练，假定灾情，重点训练多部门协同配合的能力、消防指战员深入搜救和野外生存的能力、后勤物资保障的能力等。在演练中，消防救援队伍要牢固树立"练为战"的指导思想，严格按照程序开展，注意每一环节，严格遵守安全操作规程，为实战打牢基础。

山地救援突发性强、难度较大、具有一定风险、对搜救人员素质要求较高，消防救援队伍参与山地救援工作前，必须做好平时的训练和演练准备，增强对器材装备操作的熟悉程度，适时开展野外生存训练，邀请专业人员讲授山地知识和搜救技巧，不断学习、总结山地救援的一般对策，积累经验。同时，消防山地救援队伍还应建立健全多部门协同作战、联勤联动的机制，利用地方部门的力量、资源协同做好山地救援工作。

四、消防山地救援社会联动机制

现阶段的山地救援行动中，有很多是民间救援组织承担的救援任务。随着户外运动的普及与推广，越来越多的民间救援力量开始出现，政府组织的救援力量不再是唯一，而民间组织和政府组织又各有千秋，在山地救援行动中各自发挥着不可替代的作用。当遇到灾情严重、救援艰难、涉及面广的重特大灾害事故时，指挥中心必须充分发挥相关部门、社会应急联动单位和民间救援组织的作用，依靠整体力量抗衡重特大灾害事故，避免山地救援队孤军作战。

五、消防山地救援指挥通信

山地救援现场通信工作，应在现场指挥部或总指挥的领导下组织实施。现场通信助理依据现场情况确定通信保障方案，通信员及相关人员按方案要求，携带通信装备赶赴现场，建立现场通信指挥网（图3-9）。现场通信的任务主要包括：

① 现场指挥部与支队指挥中心之间的通信联络；

② 现场指挥部与参战大队之间的通信联络；

③ 现场指挥员之间的通信联络；

④ 消防站指挥员与战斗班长、战斗员、驾驶员之间的通信联络；

图3-9 通信保障

⑤ 战斗班长与战斗员、战斗车辆驾驶员之间的通信联络；

⑥ 现场指挥员与专职消防队伍等协同作战力量之间的通信联络。

（一）现场通信的组网模式

支队按要求建立城市消防无线通信网络〔消防救援一级网（城市消防辖区覆盖网）、消防救援二级网（山地救援指挥网）、消防山地救援三级网（山地救援队伍战斗网）〕，根据山地救援和大型山地消防保卫活动的实际需要，科学、合理地划分无线通信频点，确保救援现场与指挥中心、现场各级指挥员、救援队伍内部的通信联络。

（1）消防救援一级网

即城市消防辖区覆盖网，俗称调度网，由总队统一规划的公网集群"和对讲"组成。该通信网主要功能有：

① 跨区域增援时，使用公网集群一级网实现山地救援支队与总队及其他支队之间行进途中的语音通信。

② 山地救援队指挥部与各单位指挥员、战斗员之间传达战斗命令、调集增援力量以及部署山地救援力量等。

③ 通信指挥车对正在行进途中或已到达山地救援现场的山地救援队进行救援部署。

④ 支队指挥中心与通信指挥车之间进行联络。

⑤ 支队指挥中心与山地救援队日常业务联络。

⑥ 通信员使用手持电台，能随时与支队指挥中心、现场指挥中心、指挥车、消防站值班室取得联系。

（2）消防救援二级网

俗称现场指挥网，是现场指挥员及战斗员之间建立的通信网。该通信网的使用特点是：通信范围要求不大（一般在3km以内），要求使用的电台体积小、重量轻、操作方便，使用单频信道即可。该通信网主要功能有：山地救援队及现场指挥员在山地救援现场可通过山地救援现场指挥网联系各消防救援站指战员、通信员，进行统一指挥。

（3）消防山地救援三级网

俗称山地救援队伍战斗网，是每一个参战山地救援队内部、前后方指挥员之间、指挥员与战斗班之间、驾驶员与队员之间以及特勤抢险班战斗员之间的通信网，主要由车载电台和手持电台组成，使用单频信道。该通信网的主要功能是保证队员与指挥员之间的通信联络。

（二）现场通信组织

① 一个山地救援队独立作战时，现场通信在指挥员的领导下，由通信员具体组织实施，保障指挥员与前沿战斗分队（班）之间、现场与指挥中心之间的通信联络。

② 两个以上山地救援队协同作战，在上级指挥员未到场时，辖区消防山地救援通信员负责组织现场通信，增援的山地救援队通信员协同配合；上级指挥员到场后，由上级通信人员组织现场通信。

③ 参战力量多、处置时间长的救援现场成立山地救援指挥部时，应设立通信组，组长由到场的支队、大队通信人员担任，全面组织现场通信。

④ 地方党政领导、应急管理部门领导到场实施指挥时，参战消防救援队伍内部应保持独立的通信指挥体系。

⑤ 其他形式应急救援力量参与救援时，应由消防救援队伍负责组织现场各参战力量之间的通信联络。

⑥ 通信保障人员使用公网集群对讲机与支队应急通信保障分队之间保持通信联络。

（三）现场通信的基本方法

① 山地救援队值班室至少配备 1 台"和对讲"后台，1 台"和对讲"终端，必须始终监听所有一级指挥调度群组，以保持与支队指挥中心和山地救援现场之间通信畅通。

② 各单位执勤车辆平时使用"和对讲"保持与指挥中心的通信联络；在山地救援现场使用本山地救援队三级网和一线队员联系。

③ 单山地救援队作战，通信员至少配一台"和对讲"，以保证支队指挥中心能够随时与灾害事故现场取得联系；另配一台对讲机使用山地救援三级网，与指挥员、队长和一线队员联系。

④ 多山地救援队作战，要立即启用二级网，确保各级指挥人员之

间通信畅通。

a.山地救援队指挥员还没有到达现场时，辖区消防救援站通信员负责实施通信组织，要通知增援山地救援队指挥员启用二级网，保证山地救援队之间的通信畅通；

b.山地救援队指挥员到现场后，山地救援队通信员须值守"和对讲"（调至"消防救援一级网"），以保证能够与支队指挥中心取得联系；另有一台对讲机调至二级网，以保证能够与现场指挥部人员及山地救援队指挥员取得联系。

c.增援山地救援队到达现场后，要立即使用二级网向现场指挥部报到，接受任务后，使用三级网向本山地救援队下达作战指令；各消防救援站通信员须将其中一台对讲机调至二级网，以保证能够与现场指挥部人员取得联系，另一台对讲机调至三级网，与现场消防救援站指挥员、班长和一线战斗员联系。

d.当接到省总队指令进行跨市增援时，山地救援队通信保障分队务必使用公网集群"和对讲"（调至"全省通信保障组"）与总队通信值守人员保持通信；如有通信指挥车出动，则要开启4G单兵终端，保持沿途与总队指挥中心音视频互联互通。增援单位到场后到指挥部领取对接机调至二级网。如图3-10所示。

图3-10　高难度山地救援演练

（四）现场通信辅助方法

在山地救援事故现场，尤其是陡峭、地形复杂的灾害现场，应同时使用手势、旗语、灯光、绳索信号等辅助手段进行现场通信联络，辅助手段要简单。比如，旗语只使用红旗和绿旗，举绿旗时表示战斗继续，绿旗挥舞表示指挥员到指挥部，举红旗表示注意安全，红旗挥舞表示紧急撤离，具体旗语可现场临时规定，但必须简单。

根据需要，可使用现场附近的有线电话、传真机等通信设备向上级报告情况。

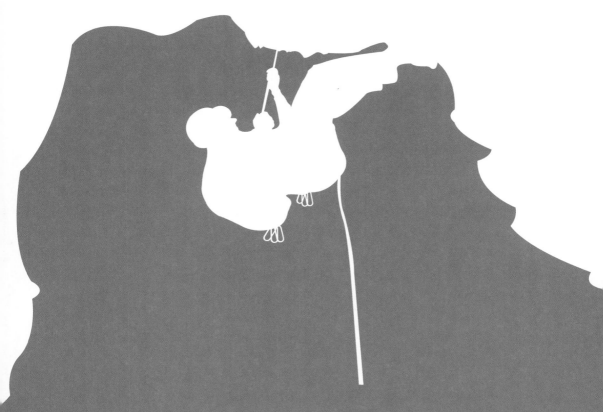

第四章

消防山地救援搜救技术

在发生山地灾害事故时，消防救援人员一般是徒步进入山区进行搜救，由于受困人员位置的不确定性，导致搜救时间长、搜救面积广，必须建立完善的救援组织指挥机构，采取多种技术相结合的形式开展搜救。

一、空中搜索

（一）直升机搜索

直升机搜索是山地搜救的有效手段。在山地搜救过程中，人员被困，特别是受伤人员随时面临死亡的威胁，直升机凭其自身机动、灵活、可悬停、对起降场地条件要求低等特性，成为山地搜救中至关重要的角色，也成为生命救助的最有效手段。直升机可利用绞车等设备，在地面、水面交通断绝的时候，特别是在悬崖、山地、山体顶部等地方，承担紧急营救、运送被困人员及伤员的任务。

1. 直升机山地搜救的特点

① 直升机在山地实施救助时，其性能大大降低。由于山区海拔较高，空气密度小，发动机功率和气动性能均有很大程度的削弱，直升机垂直起降和悬停能力大大下降，而山地救助往往净空条件不好，直升机悬停救助一旦出现单发停车，将没有足够的增速空间，无法安全撤离。

② 地形复杂，救助难度高。在山区救援，直升机要在山谷间超低空飞行。在这样的环境下全凭飞行员目视飞行，手动操纵，难度相当高。

③ 障碍物多是直升机在山区搜救的另一大难点。山区高压电线密集，且地图上无标记，加上山谷比较狭窄、陡峭、弯曲，直升机在山谷中高速飞行，危险性相当大，稍有不慎，就会机毁人亡。

④ 气象复杂多变。由于山谷间湿度比较大，温度升高后会形成雾，而雾在风的作用下顺着山坡上行，往往形成盖在山头的低云，大大增加了观察难度。此外由于起降环境恶劣，沙土或杂物有可能从发动机进气口进入发动机，使发动机叶片加快磨损，极易造成发动机故障。而当气温在5℃以下，云中含水量较大时，直升机的发动机进气口、旋翼水平安定面、座舱玻璃和空速表感应器等，均易发生结冰现象，甚至导致空中停车而坠机。云雾还可能对直升机上配备的红外热成像仪造成干扰，让飞行员做出错误判断。

⑤ 降落场地少。由于山地障碍物多，空旷平地少，因此降落场地少。许多紧急情况下，直升机只能依靠悬停技术，救援人员通过绞车和钢缆到达地面，利用救援套或救援担架将被困人员救上直升机。

掌握了以上特点，采取相应的对策，可以充分发挥直升机的作用，实施有效的救助。

2.直升机山地搜救的方法

① 首先要认真做好飞行前的准备。如认真研究地图，了解掌握飞行区域的地形、地貌，研究分析气象资料，根据各种情报制定详细的飞行方案，做好特殊情况的处置准备。

② 要根据作业点的地形特点，灵活运用救助手段。山地救助时，被困人员往往处在复杂位置上，救助人员要充分利用直升机的性能，灵活运用救助技能，将遇险人员救上直升机。

③ 针对复杂的地形，要认真选择作业点。如果人员是被困在地形复杂，或者是障碍物太多的地带，直升机无法降落或者悬停，最好在附近寻找合适的地点，实施降落或悬停，再施救。

④ 如果人数太多，可分批实施救助。山体滑坡救灾与平时的海上救助不同，遇险或被困人员众多，由于海拔高，又往往是无地效悬停，使发动机功率受到限制，无法一次性将被困人员全部救上直升机，此时可采用分批作业的救助方法。

⑤ 机组人员密切协同，合理分工，是完成任务的关键。山区地形复杂，天气也复杂多变，机组人员必须合理分工，密切配合，通过彼此的一个口令、一个眼神、一个手势就能知道对方的意思，默契得要像一个人一样，这样才能安全顺利地完成救助任务。

山体滑坡发生后，灾区一部分峡谷、河流改变了原来的面貌。由于地形地貌改变，救助点经纬度要准确，最好有向导随行。

3.直升机山地搜救的注意事项

① 由于山区海拔高，直升机性能受到很大限制，因此要避免进入"口袋山"，应沿山坡的一侧飞行，留有更大的转弯半径以便撤离。

② 判断好风向。由于迎风坡是上升气流，背风坡为下降气流，因此应尽量保持在迎风坡一侧飞行，留有更大的剩余功率。

③ 由于观察难度大，高压线历来号称"低空飞行的杀手"，低空飞行时主要精力要放在观察高压线塔，看到高压线塔后，直接从高压线塔上空通过，可有效避免碰挂高压线。

④ 及时观察周围天气情况，严禁飞入云中。一旦不慎入云，首先要保持好直升机姿态，不可盲目下降高度，要减速到最大剩余功率速度，尽快爬升到安全高度，并参考地形雷达判断前方地形。密切注意无线电高度表变化情况，若高度迅速降低，则立即向入云前净空条件好的一侧转弯反向上升出云（此方法只可用于应急）。

⑤ 无法到达作业区时，机组要先进行细致的高空侦察和低空侦察，选择好进入路线和撤离路线，并做好发生特殊情况时的处理预案，协调后方可进行作业。

⑥ 在救助作业前，应先在200ft（约60m）高度悬停做一个功率检查，确保可以在作业区悬停及撤离，方可进一步作业。

⑦ 由于山谷底部往往风速很小，悬停方向应尽量选择净空条件好的方向，以便单发停车后能够撤离。

⑧ 做好座舱资源管理，加强机组成员间协调配合，如果机组成员间有一人对执行此次任务有异议，应暂停作业，到安全区域协调好再重新进入。

（二）无人机搜索

在山地救援中，由于道路崎岖或是道路不通，救援人员寻找被困者非常困难，经常需要花费较长的时间，影响救援的开始。无人机通过可见光吊舱可对搜索现场进行高清拍摄，再通过其自身高倍变焦功能将空中采集到的高清图像和视频实时放大和缩小，既可全方位对整个搜索区域进行全局搜索，又可进行局部重点搜索，多角度展示救援现场环境，有利于分辨现场信息，寻找被困人员，为地面搜救工作提供支持，最大限度地缩短搜寻时间、发挥实战效能。

1.无人机山地搜救的特点

（1）安全性高

山地救援事故现场环境复杂，不可控因素多，次生险情隐蔽性强。在各类危险任务场合，利用无人机作业可直接避免人员到场，有效避免人员伤亡。随着无人机技术发展，无人机在山地救援中的避障技术更加强大，抗风防水能力更强，即便是遇到不良气候条件，无人机依然可以完成紧急飞行任务，加之无人机桨叶防护罩的普遍使用，即使受到损毁也大大降低了安全事故的发生。

（2）环境适应性强

无人机技术目前已能达到全天候作业要求。无人机抗风等级可达到4～6级，多款无人机具备防水功能，搭载的摄像头变焦可达数百倍，实现数公里至数十公里的超视距侦查，搭载红外热成像仪可实现夜晚环境下的侦查。

（3）功能丰富

无人机功能具有定制化特点，即通过搭载不同的功能模块实现不同的功能。利用无人机，可通过实时空中监测、多形式侦查，构建扁平化山地救援组织指挥模式；可通过应急通信、应急搜救、高空喊话、应急照明等诸多功能，构建山地救援立体作业体系，完成传统作业模式无法实现的任务。

2.无人机山地搜救的方法

（1）扇形搜寻

当在较小的范围内搜寻失事航空器，或者能对搜寻航空器准确定位时，扇形搜寻被认为是最有效的搜寻方式。一般来讲，基准点为中心的圆形区域便是扇形搜寻的整体范围，如图4-1所示。无人机在该区域飞行，可以不用考虑躲避障碍物，仔细搜寻有可能的目标。由于辐射的范围并不大，因此扇形搜寻不适合多架无人机在相同或相近高度同时飞行参与搜寻行动。图4-1中虚线部分表示，在完成一次全方位的扇形搜寻后，如果无人机仍未找到失事的航空器，那么转动扇形，将

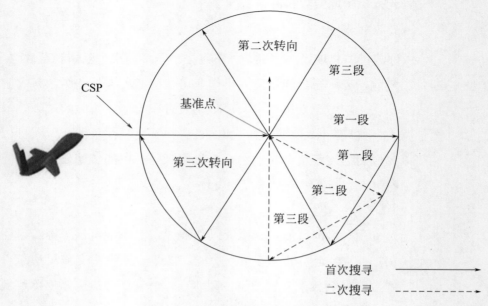

图 4-1　扇形搜寻

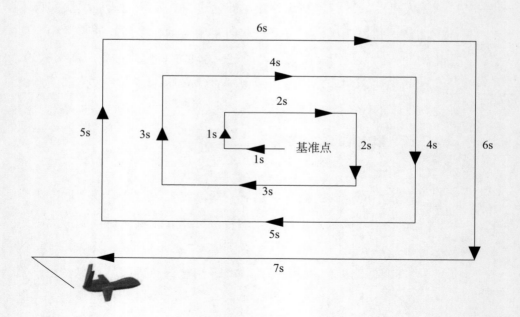

图 4-2　方形搜寻

其转动到第一次搜寻半径一半的位置，换个角度进行第二次搜寻。

（2）扩展方形搜寻

若确定失事的航空器离无人机距离较近，则按照扩展方形开展搜寻工作被认为是最有效的方式。搜寻的起始点便是扩展方形搜寻方式的基准点，搜寻路径以同心方形向外逐渐扩展，如图4-2所示。由图可知，以基准点为中心的整个区域将逐步被扩展方形的搜寻路径全面均匀覆盖。基准点可以是一个点也可以是一条短线，若基准点为一条短线，搜寻路径应该由向外扩展的方形改为向外扩展的矩形。扩展方形搜寻是一种相对而言精度较高的搜寻方式，它要求搜寻无人机具有精确的点对点飞行能力。扩展方形搜寻中，起始的两条搜寻路径长度等于搜寻线间距的长度，以后每两条搜寻路径的长度将在原基础上叠加一个搜寻线间距长度。

（3）"8"字搜寻

"8"字搜寻如图4-3所示。O点为基准点，无人机以O点为起点，按照"8"字轨迹1→2→3→4做盘旋飞行。采用"8"字搜寻方法，在盘旋飞行过程中可以最大限度地避免漏搜，在相同的半径下沿"8"

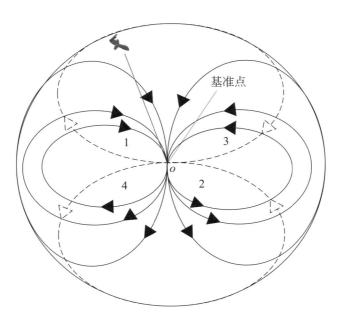

图4-3 "8"字搜寻

字飞行一周可以兼顾基准点的左右两侧，使搜寻范围最大。其起始搜寻点和终止搜寻点相互重合，都为基准点，有利于无人机继续按照规划好的搜寻路径飞行，提高了继续搜寻的效率。

3. 无人机山地搜救的注意事项

（1）起飞前的准备工作

① GPS情况良好（否则无法实现P模式）。

② 指南针是否受干扰，是否已经校准。

③ 确认螺旋桨是否旋紧（但不必过度旋紧）。

④ 电池、遥控器、手机电量是否充足。

⑤ 机身电机座和起落架有无开裂迹象。

⑥ 电机内部有无明显杂物，若有则应及时清除。

⑦ 螺旋桨表面有无明显损坏，螺栓有无滑丝现象。

⑧ 云台是否居中，云台自稳系统是否正常工作。

⑨ 夜航前必须打开前臂灯，若有条件可带上一个手电筒，在降落时照射地面，方便飞行器确认降落地点。

⑩ 开机顺序：先开启遥控器电源，再开启飞行器电源。

（2）升空的注意事项

① 起飞后让无人机在5m高度处悬停一会，再进行上升、下降、前后左右平移、左右自转等动作，观察无人机的飞行姿态是否稳定。

② 遥控器的天线与无人机的起落架保持平行，且天线和无人机之间没有任何遮挡。

（3）降落的注意事项

① 保持下降速度在1.5m/s以下。

② 降落前疏散围观人群（最好的方法是在一个偏僻的地方独自飞行）。

（4）意外的处理或避免

① 丢失图传信号。

若发现丢失图传信号，可以采取以下操作：

a.马上开启自动返航；

b. 在空中寻找无人机的踪迹，并目视飞回；

c. 若目视无法找到无人机的踪迹，则回忆最后的机头朝向，根据印象飞回；

d. 开启智能飞行中的"返航点锁定"模式，直接向后拨杆飞回。

② 无人机失控。由于失控后无人机本身可自动返航，最稳妥的做法应是在原地等候。但如果周围有同伴且返航高度不够保险（有可能撞上周围障碍物），可留下一人等候，另一人拿着控制器前往失控的地点。

③ 操控不当。可为无人机安装防撞环以免操控不当撞上障碍物。

④ 避免射桨。

a. 飞行前应检查螺旋桨和电机的螺栓有无滑丝现象，螺旋桨表面有无损坏或裂纹。

b. 起飞前应适度旋紧螺旋桨（太用力可能滑丝）。

二、搜救犬搜索

犬的嗅觉是人的100倍以上，听觉是人的17倍，训练有素的搜救犬能在较短时间内进行大面积搜索并有效确定压埋在瓦砾下的被困人员的具体位置，是现今山体滑坡灾害救援最为理想的搜索方法。搜救犬在服役前必须经过严格的选拔和训练。搜救犬搜索训练包括搜救犬训导员的培训和搜救犬的训练。搜救犬训练包括犬种选择、服从性训练和技能训练。搜救犬宜选择体型中等、反应灵敏的犬，如比利时牧羊犬、德国黑背、拉布拉多和斯宾格犬等。服役的搜救犬应通过国家有关部门的严格考核认证，通常每半年考核一次，不合格者应继续训练。在紧急救援时，如搜救犬数量不能满足要求，可对不合格或未经考核的犬进行临时训练，满足搜救犬的最低要求后使用。搜救犬训导员必须经过专业培训并获得认证，必须掌握基本救援技术、了解危险物质知识以及具有紧急事件指挥能力和现场询问经验。搜救犬的主要功能是寻找被压埋的幸存者，然而有许多犬对死者也能给出模糊的表现，对于这种模糊的表现也必须标记在搜索草图上，供进一步搜索排查参考。需要注意的是，搜救犬搜索能力受环境条件（风向、湿度、温度）影响较大，为此，搜救犬引导员应通过绘制空气流通图，指导搜救犬搜索行进方向（犬应位于下风口）以提高搜索效果。搜救犬每工作30min需休息30min。

（一）搜救犬搜索要点

1.搜索准备

搜索前，搜索组长和搜救犬引导员（多为搜救犬训导员担当）应首先对救援区域一天内各时段的气温变化、搜索区范围和山体倒塌形式等进行调查评估，以确定最佳搜索策略。通常将搜索场地分成若干个子区域，由搜索组长绘制每个子区域的山体和废墟特征草图，并记下对搜索有用的所有信息（可用符号标记）。

2.初期表面搜索

搜索初期，指挥搜救犬对坍塌区域表面进行大面积快速搜索，以较少的工作量确定人工搜索期间未能发现的、位于瓦砾浅表处因丧失知觉而不能呼救的被困人员，并标记被困人员的位置。

3.细致搜索

指挥搜救犬自由搜索，对人不容易接近的被掩埋空间或狭小空间进行逐一搜索，尤其在重型破拆装备到达之前，搜救犬还可以进入废墟内搜索。

（二）搜救犬搜索方法

1.自由式搜索

在安全区域，引导员首先安排1条搜救犬（称为1号犬）进行自由式搜索。如果搜救犬没有报警也没发现值得注意的信息，引导员应指引搜救犬在更小的扇形区实施网格式加密搜索。此时，其余搜救犬引导员以及搜索组长应从不同角度观察1号犬的搜索行动。这些观察点应给执行任务的引导员提供指导搜救犬进行拉网式搜索的重要信息，包括发现需要重新搜索和怀疑有遇难者的位置。

2.验证性搜索

1号犬在进行搜索时，第2条搜救犬（2号犬）在搜索区附近休息待命，当1号犬探测到人体气味并报警时，1号犬引导员应及时在搜索区草图上做标记并将1号犬带离搜索区。将2号犬带进1号犬报警区域实施自由搜索，如2号犬也在同一位置报警，引导员核实后在山体上做搜索标记，并向搜索组长报告。如情况复杂，可引入3号犬进一步复核确认。如果1号犬工作20 ~ 30min后，在搜索区内没有发现幸存者，需将1号犬转移到其他子区域，休息30min后再转入新的搜索区搜索。由2号犬在1号犬搜索过的区域重新进行搜索，引导员应指挥2号犬以与1号犬不同的搜索路径或方式进行搜索。当2号犬完成搜索后，可转入下一个搜索区，直至将整个搜索场地全部搜索完毕。

3.配合救援搜索

搜救犬也可配合正在进行的救援工作进一步确定被困人员的位置，但注意搜索与救援工作不能相互干扰。

4.报警

根据训导员训练习惯，搜救犬发现目标后报警方式各异，通常有以下几种：

① 兴奋、吠、坐下；

② 盯着目标不动；

③ 用爪刨目标处；

④ 围绕目标处来回走动。

（三）搜救犬工作条件

1.最佳工作条件

搜救犬主要依靠其灵敏的嗅觉和听觉进行搜索，而环境条件对瓦砾下人体气味扩散影响较大。一般认为搜救犬最佳工作条件是：

① 早晨或黄昏气味上升时；

② 气温较低，微风（20km/h）；

③ 搜索路径为无滑动、稳定的瓦砾表面；

④ 小雨天气。

2.不利工作条件

① 天气炎热，气温在30℃以上或中午；

② 无风或大风天气；

③ 降雪掩盖了瓦砾表面或使得搜索路径湿滑；

④ 搜索区存在其他化学物质气味干扰。

3.其他情况

① 山体废墟内幸存者的气味通道畅通有利于搜救犬准确定位，如轻体结构材料和破坏严重的山体等情况下气味能比较通畅地通过瓦砾扩散，有利于搜救犬较准确地追踪气味源或被困人员的位置。

② 人体气味沿着复杂的路径传播出来不利于搜救犬准确定位，人体气味流通不畅时，搜救犬不能准确追踪幸存者的位置。

③ 通过破拆和移动山体构件，改善人体气味扩散通道可获取较好的效果。

（四）搜救犬搜索优缺点

1.搜救犬搜索优点

① 能在短时间内进行大面积搜索。

② 适用于诸如山体滑坡或因爆炸导致山体倒塌等危险环境的搜索，犬的体型和重量更适合在较小空间或不稳定的瓦砾表面等环境搜索。

③ 对失踪的幸存者，搜救犬搜索是非常有效的。

④ 犬的嗅觉敏锐，对幸存者定位较可靠。

⑤ 通过训练，有些搜救犬具有区分生命体和尸体的能力。

⑥ 通过热红外线和光学搜索仪器配合，引导员可观察犬正在注视

的搜救目标。此外，犬的提前进入可减轻伤员的紧张情绪。

⑦ 对搜救人员安全存在威胁的区域，可指挥搜救犬实施搜救工作。

2. 搜救犬搜索缺点

① 搜救犬工作时间比较短，通常工作20～30min后需休息20～30min。

② 至少需要两条搜救犬对搜索目标独立进行搜索。

③ 搜救犬搜索效果不仅取决于犬的能力，而且取决于训导员的经验。

④ 搜救犬资源比较缺乏，驯养成本较高。

⑤ 搜救犬搜索易受气温、风力等环境影响，有些情况搜救犬无能为力。

（五）搜救犬搜索注意事项

① 搜救犬的报警表现往往因目标而异，如对活人、尸体或物质气味的报警表现存在细微差别，引导员必须十分熟悉搜救犬的各种反应才能获取更多的信息。

② 如果两条搜救犬先后都在同一处报警，则幸存者存在的可能性极大，救援人员应立即准备挖掘工作。

③ 搜救犬搜索是山体倒塌灾害救援中非常重要的技术手段，在灾害发生后应第一时间派出搜救犬队，以充分发挥搜救犬的搜索优势。

④ 如果搜救区正在着火或废墟尚未冷却应拒绝使用搜救犬，以防止犬足被灼伤，如必要，犬在工作时可佩戴防护器具，避免受到伤害。

⑤ 搜救犬大面积自由搜索有时会失控，如必要可在犬颈上安装遥控装置。

（六）搜救犬作业方式

搜救犬的工作方式宜采用"一人一犬"制，即1条搜救犬在1名训导员的指挥下开展搜索作业。搜索应起于下风向，止于上风向，训导员沿逆风方向行进，搜救犬在训导员左、右两侧横穿搜索区搜索行进。搜索时，训导员与犬保持横向同步，指挥搜救犬在搜索区边界处折返，并注意观察搜救犬反应，判断其是否探查到失踪者气味，这种作业方式可大幅提高搜索效率。搜索时训导员应将搜救犬控制在视野范围内，白天通常控制在30m以内，夜间适当缩小控制范围。这样既便于指挥搜救犬，又可以防止搜救犬遭受其他动物袭击，当搜救犬发生意外时还可以及时救治。

搜救犬训导员接到指令后，应迅速携犬到达山地事故现场，在指挥部划定的搜索任务区内开展搜索工作。训导员要快速确定搜索方案，全面掌握搜救犬的状态，采用有效的搜索方式协同人工搜救小组开展搜索，及时报告搜索进展，并且做好搜救犬的安全防护。

1. 现场侦察

到达现场后，训导员应迅速查明基本情况，有针对性地开展以下搜索：

① 询问指挥员以及知情人，掌握失踪人数、姓名、年龄、性别、身体状况等情况，尽可能提取到失踪者遗留的物品，作为嗅源物。

② 了解任务区气候、气象条件以及地理环境情况，如地势地貌、风力风向、温湿度等。

2. 搜索准备

在查明搜索任务区基本情况后，训导员要制定详细的搜索方案，确保搜索顺利进行。主要任务有：

① 划分搜索作业区。依据地理环境、风向等因素将搜索任务区划分成若干个搜索作业区，指挥搜救犬逐个区域搜索。

② 确定搜索顺序。明确每个作业区的搜索起始、终止位置和具体的搜索路线，估算搜索时间并向指挥员报告。

③ 检查调整搜救犬。严格检查搜救犬身体状况，如果发现异常必须停止搜索，及时调整搜救犬情绪，使其兴奋点达到最高。

④ 做好安全防护。夜间搜索时，需确保搜救犬安全，应在搜救犬

背上佩戴反光标识，便于训导员判定搜救犬的位置。

3. 搜索开展

搜索作业中，训导员应严格执行搜索方案，指挥搜救犬沿既定的方向开展搜索，不得随意改变路线，以确保搜索成效。搜索时应保证：

① 搜救犬在作业片区内沿"S"形线路开展搜索，每只搜救犬工作20～30min应休息20～30min，防止嗅觉钝化。

② 高温下应严格控制搜救犬的工作时间，防止中暑。

③ 搜救犬搜索应与人工小组搜索协同，搜救犬应在搜救小组前方保持一定距离开展搜索，防止因上风向人多而造成气味干扰。

④ 情况紧急或搜救难度较大时，训导员应向上级汇报，调集其他力量到场协助搜索。

4. 搜索结束

完成搜索任务后，训导员应及时向指挥员报告情况。搜索到失踪者时，应报告失踪者人数、位置、生命体征，救援需要的人数、装备等。未搜索到失踪者时，应报告任务区的搜索情况，请示是否重新搜索或分配新的任务区开展搜索工作。

（七）搜救犬搜索效率的影响因素

搜救犬主要是通过追踪人体散发的气味寻找失踪者的。气味分子由人脱落的皮屑和排汗、呼出的分泌物构成，这些气味分子有的飘散在空气中、有的附着在物体上，并形成浓度变化，而被搜救犬觉察感知到。因此环境中气味分子的浓度可影响搜索效率。此外，搜索效率还受搜救犬的自身条件和训导员操作等多方因素的影响。

1. 气候气象

① 气压、气温。气压能影响气味分子的散发速度，气压较低时气味散发缓慢，搜救犬更容易觉察得到。气味分子的蒸发速度随气温升高而加快，高温夏季，气味存留时间短，不利于犬的搜索，且气温超过30℃时，犬呼吸加快，兴奋度降低，嗅觉分析机能减退，神经系统

易疲劳，搜索效率骤降。

② 风力、风向。国外搜救犬机构在6年间对20条搜救犬进行了搜索测试，如表4-1所示。可以看出，搜索成功率随风力的增大而先增大后减小，随风向的变化增多而减小。这说明风可加速气味分子扩散，便于搜救犬搜索，但风速超过特定值后，搜索区的气味分子浓度降低，搜救犬的搜索效率下降。同时，稳定的风向可形成气味分子的浓度梯度，有利于搜索；而多变的风向扰乱了气味分子的浓度变化，不利于搜索。

表4-1　搜救犬搜索成功率与风力、风向关系

风力	搜索成功率/%	风向	搜索成功率/%
轻风（0～1级）	75	稳定	90
微风（2～3级）	88	多变	82
劲风（4～5级）	92		
强风（6～7级）	89		

③ 雨水。气味分子大多能溶于水，因此降雨对气味的保存影响很大。间断性的毛毛细雨能增加地面湿度，有利于气味存留；而中雨或连绵小雨会将气味彻底冲刷掉，使搜救犬无法察觉。

2.地理环境

山地地形地势复杂，遍布悬崖、峭壁、山谷、倒掉的枯木，这些可以改变局部地区的风力、风向，引起气味分子流动方向、浓度梯度的变化，干扰犬的搜索。同时，犬的搜索效率还受地表类型影响，植被覆盖好的地面吸附气味较强，利于搜救犬搜索；硬质地面吸附气味能力偏弱，气味挥发较快；沙地或软土地对气味的吸附能力介于硬质地面和草地之间。

3.嗅觉钝化

搜救犬同其他动物一样，也具有嗅觉适应性。其长时间嗅探同种气味，会产生嗅觉疲劳，引起暂时性失嗅，即嗅觉钝化。气味分子作

用的时间越长，这种钝化现象越明显。试验发现，有89.6%的搜救犬在作业20～28 min后出现嗅觉钝化，表现为多次经过被困人员而无反应。

4. 训导员操作

国外有关组织做了476组搜索试验，46组失败，其中由训导员操作失误引起的搜索失败为39组，占搜索失败总数的85%，如表4-2所示。主要原因有：

表4-2　训导员操作失误引起搜索失败的统计

搜索失败原因	失败次数/次	占失败案例百分比/%
决策失误	3	7.7
指挥失误	19	48.7
判断失误	12	30.8
不听指挥	5	12.8

① 决策失误：训导员对搜索区情况掌握不足，制定的搜索方案不符合实际情况，引起搜索失利。

② 指挥失误：训导员在指挥中未能引导搜救犬对搜索区实施全区搜索，造成部分区域遗漏。

③ 判断失误：训导员对搜救犬发出的信号产生误判，误认为搜救犬搜索到了失踪者。

④ 不听指挥：搜救犬不完全服从训导员的指挥，人犬配合不佳，导致搜索失败。

5. 用犬时间

气味分子的保存时间很短，随时间增加逐渐挥发消散。通常，1小时内气味能很好地保留，有利于搜救犬搜索追踪；1～3小时内气味逐步挥发，搜救犬搜索难度加大，搜索中易受到其他气味的干扰；事故发生3小时以上，气味基本挥发殆尽，搜救犬追踪异常困难。

三、人工搜索

人工搜索指搜索人员采取看、听、询问知情人等感官知觉对倒塌山体或区域进行评估，搜索任何可能存在生存者的迹象。人工搜索是最简单的搜索方法，也是最容易实施的搜索类型，但难以保证其精确度，只能针对废墟表层展开，且搜索人员本身的安全也受到潜在威胁。搜救队长应根据地形和人员数量选择搜索队形，注意控制队员之间的间隔和搜索线的推进速度。队员应注意相互间的配合，根据指挥员的指挥保持呼叫、敲击和收听回应的一致，做到同时呼、同时停，每次敲击呼叫后，应保持肃静并倾听10s左右，尽最大可能接收被困人员的回应。

（一）人工搜索行动开展前的主要工作

1.现场警戒

指挥员应确定任务区域的边界并派出警戒人员，组织分队人员劝阻无关人员退出作业场地，尽可能安抚被困人员亲属的情绪，合理组织群众和志愿者在必要时协助救援。

2.安全评估

结构专家、危险品专家及安全员对现场环境进行安全评估，评估内容包括现场是否存在结构不稳定建（构）筑物、有毒有害气体、易燃易爆物质、漏电、辐射等危险因素，确定现场安全后方可展开作业。

3.收集信息

指挥员应通过询问现场群众和早期救出人员，查询灾害现场山体功能、结构、分布和人员容纳情况，分析判断被困人员位置、数量、危险程度等，根据情况轻重缓急确定搜索目标和搜索顺序。

（二）人工搜索行动进行中的主要工作

1. 确定分队搜索策略

搜救工作中，应该根据现场情况迅速制定出灵活的搜索策略。

① 圈定待搜索区域。根据受灾区域面积的不同和可支配资源的数量，以街道（或其他易于辨识的标准）来划分搜索区域，并按照面积比例，将资源配置到每个待搜索区域。这种区域划分的方式对于面积较小的搜索区域较为适用，但是对于较大的区域，例如一个城市或城市的一部分来说，由于资源限制，这种方法并不适用。

② 确定不同类别受灾区域的搜索优先级。应优先考虑对被困人员较多的区域进行搜救，在最可能有幸存者的地区以及潜在幸存者人数最多的地区（根据受灾地点的用途判断）优先展开救援。

2. 合理配置搜索分队

搜索行动通常配置两支搜索分队，每支均可作为首发队伍或后续队伍，从而持续交替执行任务。一支搜索分队应该包括：

队长：搜索分队的领导者，概括情况并记录信息，与分队联络沟通，描述细节和提出建议。

安全员：时刻观察搜索区域发生的任何危险，并就危险信息向所有队员发出警告，一般由救援实践经验比较丰富的人员担任。

医疗急救人员：为幸存者及参与搜救的人员提供医疗急救处理，一般由队内卫生员担任，必要时可由医务人员担任。

结构专家：评估山体稳固性，并提出支撑加固建议，一般由队内具备专业知识技能的人担任，必要时可由地方人员担任。

危险品专家：监测搜索区域及周边空气状况，评估、鉴别并标记出危险物质的威胁，一般由队内具备专业知识技能的人担任，必要时可由地方人员担任。

3. 组织分队实施搜索

① 人工一字形搜索法。该法主要用于开阔空间地形的搜索，队员

呈一字形等距排开，从开阔区一边平行搜索并通过整个开阔区至另一边，到开阔区的另一边后可以反方向搜索，再回到出发的一边，达到反复搜索的目的。

② 人工弧形搜索法。当开阔区的一边存在结构不稳定的倒塌山体时，通常采用这种搜索方法；当搜索小组人数有限，无法一次性形成一个环形围住搜索区域时，也可采用这种搜索方法。它是采用多次多段弧形连接的方法，起到与人工环形搜索法相同的效果。队员沿着山体的边缘呈弧形等距展开，等速搜索前进，从山体的边缘逐渐向弧形所在圆的圆心点收缩，直至将任务区搜索完毕。

③ 人工环形搜索法。该法主要用于已大致判断出被困人员所在区域，要继续缩小范围精确定位时的搜索，队员沿山体四周或搜索区域边缘呈圆形等距排开，进行向心搜索，直至将任务区搜索完毕。使用该法搜索时动用人数较多，以保证形成一个能围住搜索区域的完整圆弧，所以它通常被用于对重点区域重点部位的搜索。

4.初步标记

当在某个位置上接收到疑似被困人员的回应信息时，应在该位置附近进行初步的被困人员标记，留待后续跟进的技术搜索组进一步验证和定位。在具体的搜索过程中还应注意以下几点：

① 人工搜索行动应包括在受灾区域内能协助搜索工作的其他人员。这些人员能在空隙之间以及狭窄区域内进行单独的视觉评估，以发现任何可能的被困人员，也可以作为监听者协助其他人员开展救援工作。

② 使用大功率扬声器或其他喊话设备为被困的幸存者提供指引。喊话完毕后保持受灾区域安静，由人工搜索人员负责监听并尝试对发出声响的确切方位进行定位。

③ 与其他搜索方式相比，人工搜索需要更加小心谨慎，而且参与救助行动的人员也存在相当大的危险。

（三）人工搜索行动结束后的主要工作

1.报告搜索结果

完成任务后应迅速将搜索结果上报，一般以口头报告、书面（表单）报告和要图报告三种形式报告搜索结果。由于现场时间紧迫，往往以要图报告结合口头报告为主，条件允许时应使用书面报告。

2.清点人员装备

队长组织收拢和清点人员、装备器材等。

3.组织撤离

队长按上级指示组织人员撤离搜索现场，按要求准备遂行其他任务。

（四）人工搜索注意事项

① 山地滑坡后易导致山体松动，救援人员行进中应注意观察上方山体情况，在确保安全的前提下迅速通过。

② 所有搜索的相关信息均应以图文形式记录下来并标识在山体、石头上（如所遇的危险、找到伤员的地点、地标和危险物等），为后期安全进入、救援和安全撤离提供指导，节省救援时间。

四、其他搜索

当人工和搜救犬搜救不能达到搜救目的的时候，就要利用先进的装备和技术进行搜寻。正常情况下，一个搜救人员的搜寻配备装备应该包括：电锤钻、凿岩机、电子监视设备（照相机、摄像机）、监听设备、空气监测设备、标记材料（如粉笔）、警示设备、医疗急救包、个人工具包等。

常见的搜索方式是搜索人员使用声波探测设备、光学探测设备和红外探测设备等对搜索区域进行搜索。其中，光学生命探测仪俗称"蛇眼"，是一种用于探测生命迹象的高科技光学救援设备，它利用光反射进行生命探测。该仪器的主体呈管状，非常柔韧，前端有细小的探头，可深入极微小的缝隙探测，准确发现被困人员，特别适用于对难以到达的地方进行快速的定性检查。红外生命探测仪则是通过感知温度差异来判断不同的目标，可在黑暗中照常工作，这种仪器有点像商场门口测体温的仪器，只是体积更大，而且带有图像显示器。声波振动生命探测仪一般有3～6个振动传感器，它能根据各个传感器"听到"的声音先后顺序来判断幸存者的具体位置，说话的声音对它来说最容易识别，因为设计者充分研究了人的发声频率，如果幸存者已经不能说话，只要用手指轻轻敲击，发出微小的声响，也能够被它探测到。救援机器人是为救援而采取先进科学技术研制的机器人，如山地救援机器人，它是一种专门用于山地塌方后进入废墟中寻找幸存者执行救援任务的机器人，这种机器人配备了彩色摄像机、热成像仪和通信系统。

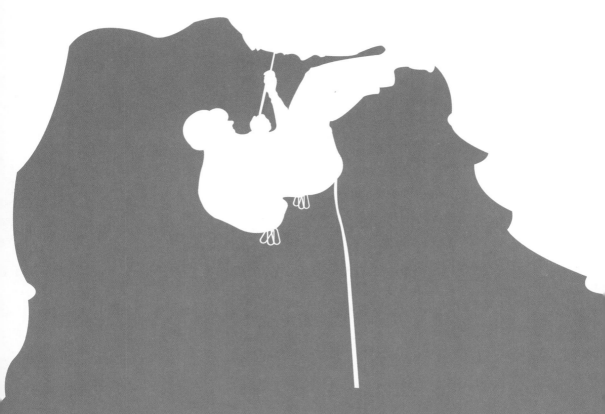

第五章

消防山地救援训练

　　在很多的山地救援中都或多或少出现消防救援人员经验不足的情况，而在救援之前也缺乏对山地地形和气候的科学勘测，这些都造成在山地救援中，出动救援人员较多但是救援时间较长、救援效率不高的情况。山地事故的救援需要消防单位的参与，为了使救援队伍更加专业化、一体化，就要加强和规范救援人员的装备和日常训练。

一、绳索类型及运用

山地救援中会经常使用到绳索，绳索运用的基础在于绳结，基本的绳结有：单结、平结、单8字结、双8字结、布林结、双套结、水结、双渔人结、抓结、意大利半扣、蝴蝶结等。

由以往的山地救援实例可以看出，大部分的救援行动都是在登山步道以外的地区进行，而这些地区往往地形相当陡峭及危险，如果救援人员不能熟练掌握自我保护的技能，就可能发生所谓的"二次山难"，而自我保护技能的基础就在于绳结的使用。因此，救援人员需要熟练掌握几个基本绳结（如布林结、8字结、意大利半扣、双套结、双渔人结、抓结、水结、蝴蝶结等）的打法及应用，使救援人员足以进行大部分的自保及救援行动。但在某些需要应用拖吊及搬运系统的救援任务中，救援人员需要掌握更多的绳结，主要原因是大部分的基本绳结在负重情形下或使用后都不能轻易解开，而众所周知在比较复杂的救援行动中，绳索必需一再地重复使用，绳索的快速装置及拆卸就成了相当重要的技巧，因为在危险的地方行动，操作时间多一分，操作人员的危险就多一分。因此多熟悉一些易结易解又不失安全性的绳结，对于救援人员确有其必要性。这些绳结的特性如下：

① 均由上述几个基本绳结稍加变化而成，救援人员可以在极短的时间内学会使用。

② 绳结易结易解，只要使用正确，其安全性无须多虑。

③ 在某些特殊安全考虑下，均可用简单的半扣、单结或锁具加强其安全性，而不失其易结易解的特性。

当绳子是笔直的时，它的强度是最强的，任何对绳子的弯曲都会使它的强度变弱，弯曲越大，绳子的强度越弱。当绳子笔直受力时，绳芯的上、下、内、外是平均受力的，绳子弯曲时，绳芯的上、内或外是被绷紧的，下方是被压缩的，因此绳子不再平均分摊受力，其强度变弱可想而知。绳结会导致绳索受力的损失，打结后绳索的强度称为剩余强度，各种绳结产生后对绳索剩余强度的影响各有不同（表5-1）。

表 5-1 绳结对绳索剩余强度的影响

绳结	相对剩余强度
无绳结	100%
双 8 字结	70% ~ 75%
布林结	70% ~ 75%
双渔人结	65% ~ 70%
水结	60% ~ 70%
单环结	65% ~ 70%
单结	60% ~ 65%
双套结	60% ~ 65%
平结	45%

打结方式的细微差异会造成剩余强度的差异,因此结绳时要注意:

① 结形扎实、平顺;

② 绳股避免交叉;

③ 绳圈恰可供锁具扣入即可;

④ 绳尾至少留绳索直径的十倍长度(大约是打一个单结的长度)。

(一)山地救援中的绳结打法与运用

① 单结:所有绳结的基本结,最主要的作用是作为绳结的收尾,预防绳结松脱。

② 平结:在日常生活中的使用频率相当高。平结可以在连接两条绳索时使用,但是仅适用于同样粗细和质材的绳索,而且两条绳索的拉力必须均等。此外,平结若没系紧便会松开,若系得紧则难解开,所以平结很少用来连接两条绳索,而是用在完成后不需解开或是连接同一条绳索的两头的时候。

③ 单 8 字结:广为人知的绳结,一如其名,该结打好后会呈现 " 8 " 的形状,主要作用为固定防滑。

④ 双 8 字结:具备耐力强、牢固等优点,在安全性方面非常值得信赖,经常被登山人士作为救命绳结使用。不过美中不足的是,双 8 字结的绳套大小很难调整,而且当负荷过重,绳结被拉得很紧,或是

绳索沾到水的时候，想要解开绳结必须花费一番工夫。

⑤ 水结：用在扁带或两条同样粗细的绳子上，是一种简单且结实的绳结。这种结主要用于连接散扁带，将其做成绳套。

⑥ 布林结：将绳索系在其他物体上或者是在绳索的末端结成一个圈时使用。其特点是结构简单，易解易结，安全性也非常高，用途比较广泛，被称为绳结之王，但为预防松脱一定要在末端加单结方可使用。

⑦ 渔人结：用于连接细绳或线的结，虽然只是在两条绳子上各自打上一个单结，然后将其连接起来这般简单的结构，但其强度很高，也可以使用在不同粗细的绳子上。

⑧ 双渔人结：是渔人结多一次缠绕后打成的结，如此可以增加其强度。这种结用于连接两条绳索等情况，其缺点是结形大。

⑨ 双套结：历史相当悠久的绳结，不仅在海上，甚至在露营、登山中都是户外人士所爱用的绳结。双套结的作用是将绳索卷绕在其他物品上，即使是金属等易滑物品上也相当适用。双套结的打法和拆解都很容易，它的特征是具备极高的安全性。而且双套结的打法可以根据不同情况分开使用，就这点而言，它是个非常实用的绳结。不过，如果只在绳索的一端施力，双套结可能会乱掉或松开，为了避免这个缺点，双套结通常应用在两端施力均等的绳索上。

⑩ 蝴蝶结：在绳索中间打绳圈的绳结。其牢固性与安全性较优秀，而且几乎不必担心会松散，可三方同时受力，用于登山活动中结组和作为路绳中的保护环使用，此外，容易解开也是它的特征之一。

（二）山地救援中的保护技巧

（1）保护系统

保护系统指为保护攀登者而考虑的所有人、物构成的系统，包括攀登者、攀登绳、中间保护支点、绳结、制动器、保护者和固定点。

（2）保护位置

保护位置应考虑地形、固定点、保护者位置及保护方向，尽可能给予保护者舒适感。

（3）保护姿势

保护姿势为保护者面对攀登者，两脚与肩同宽，左脚向前一步呈弓步，重心落于右脚掌，身体稍向后仰，放低重心，以保持稳固。

（4）保护要点

导向手：位于保护者与攀登者间，职责是感觉绳子的松或紧。制动手：制止攀登者坠落，在攀登者说解除保护前，制动手在任何情况皆不可离开攀登绳。

（5）下降器

下降器种类与商品多样化，各有各的优缺点，操作前需仔细阅读使用说明书，了解使用限制（例如安装方式、适用绳索直径、特殊操作方法等），练习熟悉后，方可正式用于保护。

（6）下降器方向性

每一种下降器都有其设计方向，使制动力最佳，以便制动手有最合适的制动位置。以常用8字环下降器为例，最佳的制动方向为制动绳端于下降器转折180°，提供足够的摩擦力抓握住绳索。需注意制动手、绳索、下降器相对位置（此处右手为制动手，左手为导向手）。

近年来攀登装备由于使用需求而被不断改造，安全带上的保护环早已成为标准配备。保护环除了能有效避免腰带与腿环干扰、防止锁具横向受力外，还使绳索通过下降器时，能维持攀登绳端朝上，制动绳端朝下，避免受力后扭曲的问题发生。此时，应该修正制动手的观念由右侧（惯用侧）腰际改为下降器正下方，将制动手的前臂贴紧髋骨，提高抓握绳索稳定度，并避免太靠近下降器而发生夹人的危险。

（7）保护收绳操作方法

保护方法按照保护点的位置分为上方保护和下方保护两种。上方保护方法是把保护点设置在攀登路线的顶部，与顶绳攀登相对应的一种保护方法，适用于训练和初学者攀爬。目前流行的操作方法有好几种，但其中安全性较高、使用较多的操作方法是法式保护法，即五步保护法。

法式保护法具体操作以五个步骤为一个周期（以右手为例）：

① 左手手心向内（即朝自己）握紧8字环上端的主绳，距离腰间大约为一大半臂，右手手心向外，握紧8字环后端的主绳（注意：大拇指应紧扣在四指上面，不要与主绳平行），左手（用于引导，称为引导手）向下拉绳子的同时右手（用于制动，称为制动手）向上拉绳子（注意：拉绳时两端绳尽量保持平行，以便于减少摩擦尽快顺利地拉绳）。

② 右手握紧绳子由胸前回放到右大腿外侧，注意使绳子的回旋角度尽量大。

③ 左手从8字环外侧绕过，手心朝内，在右手上面紧握绳子，此时是双手都握住绳子的。

④ 松开右手，移至左手上方，握紧绳子。

⑤ 左手回来，握紧8字环上端的主绳，还原至第一步。

（8）保护注意事项

① 受力方向与固定点应成一条直线。

② 制动手绝不离开主绳。

③ 绳子不要太紧，以免妨碍攀登。

④ 每一次收绳、给绳都应回到制动动作。

⑤ 时时都做好攀登者坠落的准备。

⑥ 注意攀登者的动作，了解他在做什么，提醒其危险行为（跨绳、挂绳错误等）。

二、单兵长距离上升与速降

（一）场地设置

在高空作业训练塔或者塔吊、深坑、桥洞等悬空环境，预先设置好双绳系统，悬吊于地面（水面）上方，在距地面30m处设置两个绳结点（双绳）（图5-1）。地面设置起点线和装备区，放置单兵个人防护全套装备。

（二）训练目的

提升队员对绳索器材的熟悉程度，使队员熟练掌握利用绳索上升、下降和通过障碍点的基本方法。

图5-1　上升与速降技术训练场

（三）场地器材

全身吊带、救援手套、手式上升器、胸式上升器、脚踏带、脚式上升器、止坠器、势能吸收包、主锁、扁带环、8字环、ID下降器（具有自锁功能的下降器）、STOP下降器、牛尾绳等器材（图5-2）。

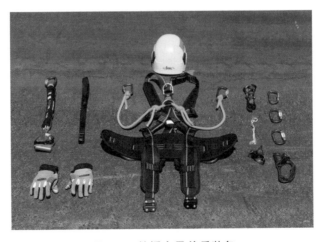

图 5-2　救援人员单兵装备

（四）操作程序

① 1名参训队员，1名安全员，安全员主要负责检查参训队员的个人防护装备穿戴，确保参训队员的安全。

② 参训队员身着全套抢险救援服，听到"开始"口令后开始操作，在装备区穿戴好个人防护装备，经安全员检查确认后，进行绳索连接，将辅绳装入止坠器并推至最高点，主绳装入胸式上升器和手式上升器，右脚踏入脚踏绳圈，注意区分主辅绳。

③ 参训队员连接好绳索后开始上升，双手握住手式上升器，推至最高点并保持重心，踩踏脚踏绳呈站立姿势，主绳通过胸式上升器后缓慢坐下，恢复胸式上升器承受负载，重复上升动作，上升到距地面30m处，通过绳结点，继续上升。

④ 上升到最高处，取下ID下降器连接吊带肚脐吊环，将胸式上升器下端主绳装入ID下降器并收紧关闭，踩踏脚踏绳呈站立姿势，打开胸式上升器取出主绳，缓慢坐下，使ID下降器承受负载，取下手式上升器并收整于腰间，打开ID下降器，开始下降。

⑤ 下降至距地面30m处，通过绳结点，继续下降至地面，解开装备和绳索连接，操作完毕。

（五）操作要求

① 所配备的装备不限定器材品牌，但必须经 CE 认证，所有装备必须有清晰的产品标识和作业强度标识，满足作业功能。

② 单兵个人装备应按照要求配置，严禁改造或自制装备，操作时装备区的所有装备必须携带在身，个人装备必须挂接或组装在安全带的相应位置并呈关闭状态，严禁手持器材。

③ 参训队员必须严格按照双绳技术要求进行操作，参训队员的上升、下降作业用绳必须为双绳。

④ 挽索制作完毕必须拉紧，绳索余长应在10～30cm之间，不得低于10 cm。

⑤ 上升、下降、通过绳结点应为可控操作，操作中严禁违反"突

然死亡原则"。

⑥ 下降器不工作时必须上锁，攀爬的过程中止坠器不能低于肩部。

三、一对一救助

（一）场地设置

高空作业训练架（7.5m训练架）上设置一名伤员（处于上升状态），平台设置四条悬垂绳索，平台下方距离作业边缘线4m处为起点线并设置装备区，装备区摆放全套个人装备。

（二）训练目的

让队员掌握基本的绳上救援技巧，重点训练伤员挂接和携带技术，提升背负伤员情况下的绳索救援能力。

（三）场地器材

全身吊带、救援手套、手式上升器、胸式上升器、脚踏带、脚式上升器、止坠器、势能吸收包、主锁、扁带环、8字环、ID下降器、STOP下降器、牛尾绳等器材。

（四）操作程序

① 参训队员身着全套抢险救援服，将个人装备穿戴整理完毕并经检查确认后在起点线就位，听到"开始"口令后开始操作。

② 开始后，参训队员运用上升技术上升到略高于伤员高度处，转换为下降状态，运用穿绳技术接近伤员并检查伤员情况。

③ 接近伤员并做好救助连接，解除被困人员身上挂点，缓慢释放脚踏绳，将被困人员转移到参训人员身上，待负载转移完毕后，收整手式上升器与脚踏绳。

④ 与伤员连接完毕后作业队员携带伤员下降至地面（图5-3），待伤员脱离绳索，操作结束。

图5-3　一对一救援

（五）操作要求

① 所配备的装备不限定器材品牌，但必须经 CE 认证，所有装备必须有清晰的产品标识和作业强度标识，满足作业功能。

② 主锁严禁使用自动锁，只准使用丝门锁。主锁准备时呈闭合状态，锁门不锁闭。

③ 单兵个人装备应按照要求配置，严禁改造或自制装备，在准备时穿戴整理完毕后，所有装备必须携带在身。个人装备必须挂接或组装在安全带的相应位置并呈关闭状态，严禁手持器材。

④ 公共器材严禁使用改造或自制装备。

⑤ 进行作业行动时（下降、上升、提拉等作业）都必须用双绳作业。

⑥ 作业时所有连接的主锁必须将锁门锁闭。

四、狭小空间救援

（一）场地设置

山地事故狭小空间救援训练场地，如图5-4所示设置。

图 5-4　狭小空间救援训练场地

地形环境：事故地点为悬崖裂缝处，裂缝最宽为200cm，最窄为60cm，角度在60°～90°之间，裂缝长度为600m。裂缝顶部安排伤员1名。

（二）训练目的

增强队员之间团队合作的能力，使队员熟练掌握在斜坡地带的上升方法和锚点制作的要领，增强在斜坡地带运输伤员时队员之间相互协作的能力。

（三）场地器材

全身吊带、救援手套、三角吊带、机械抓绳器、ID下降器、手式上升器、止坠器、小滑轮、扁带、作业用绳包、短带、脚踏带、梅陇锁、牛尾绳、主锁、钢锁、静力绳、辅绳、救援担架、脊椎固定板、担架专用安全带、垫布、分力板等器材。根据支点设置情况的不同，还可以准备便携式电锤、挂片、螺栓、岩钉、岩锤、岩石塞。

（四）操作程序

设置指挥员1名、安全员1名、队员1名，身着全套救援服，将个人装备穿戴整理完毕并经检查确认后，在A起点线就位，到达B点伤员被困处（B点处人员不限，C点为制作锚点位），将被困人员救助到A点处，救援行动结束。救援主要流程为：

① 必须选定一名先锋队员，先锋队员要到达C点，在安全的前提下制作锚点。可采用天然锚点，例如树木、岩石，选择前必须进行牢固性判断；也可采用安装式锚点，利用便携式电锤、挂片、螺栓等器材制作。

② 使用救援担架将伤员固定，可利用颈部固定器对伤员颈部进行固定，担架内利用绳索对伤员的躯干和四肢进行束缚。

③ 在救援队员的陪伴下下降，将伤员救助至A区域，救援队员回到A平台。

④ 被困人员及救援人员达到A点后，利用绳索回收系统，收回救援主绳。

（五）操作要求

① 所配备的装备不限定器材品牌，但必须经 CE 认证，所有装备必须有清晰的产品标识和作业强度标识，满足作业功能。

② 救援人员必须严格按照双绳技术要求进行操作，救援队员的上升、下降作业用绳必须为双绳。

③ 下降和释放控制应为可控操作，操作中严禁违反"突然死亡原则"。

五、担架向上救助

（一）场地设置

训练塔6楼设置为工作平台，训练塔底部放置被困者1名（场地也可设置在山腰或谷底）。此场地为模拟悬崖救援环境场地，如图5-5

图 5-5　担架向上救助训练场地

所示设置。

（二）训练目的

使队员熟练掌握在悬崖峭壁处吊升担架的方法，以及在担架上升时的保护措施，强化队员之间长距离救援相互配合沟通的能力。

（三）场地器材

全身吊带、救援手套、手式上升器、胸式上升器、脚踏带、脚式上升器、势能吸收包、主锁、扁带环、8字环、ID下降器、STOP下降器、牛尾绳、船型担架、万向滑轮、双滑轮、分力板等器材。

（四）操作程序

利用扁带制作锚点，架设两个绳索救援系统，且都为双绳系统。一个系统用于救援人员的上升和下降（双扁带＋双挂钩＋双绳），另外一个系统提拉伤员（双扁带＋双挂钩＋下降器）。两名参训队员携带多功能担架利用个人下降器和止坠器下降至下方被困人员处，下降器连接主绳，止坠器连接保护绳；两名救助人员利用携带的扁带将伤员固定在多功能担架上，并将担架和用于提拉的绳索连接；陪伴的救助人员需要用个人防护装备与提拉绳索连接；上方人员利用制作好的提拉系统，在1名救援队员的陪伴下将伤员救助至上方安全区，另1名救援队员利用绳索上升技术回到上方安全区；伤员和两名救助人员都回到终点线后，示意操作完毕。

（五）操作要求

① 所配备的装备不限定器材品牌，但必须经CE认证，所有装备必须有清晰的产品标识和作业强度标识。

② 操作时所有装备必须携带在身，个人装备必须挂接或组装在安全带的相应位置并呈关闭状态，严禁手持器材。

③ 主锁严禁使用自动锁，只准使用丝门锁。主锁准备时呈闭合状态，锁门不锁闭。

④ 开始后严禁人员在非操作区域穿行。上方安全区作业人员身处边缘时应先进行安全保护而后进行相关操作。

⑤ 救援队员应下降到被困人员处，在伤员转移过程中，救援队员陪伴伤员时应当防止伤员受到二次伤害，陪伴的救援队员和伤员离开地面后，不得再次放回地面。

六、山洪（T型）救援

（一）场地设置

模拟山洪（T型）救援环境场地如图5-6所示设置。救援场地A与B距离约为60m。起点线各设置在A、B区，A区域内划起点线。公共装备准备区统一设置在A区域，终点线为A区域起点线。在中心岛处设置C点，设置无行动能力伤员一名（用60kg分腿式假人替代）。

（二）训练目的

让队员掌握利用绳索及其套件构建绳索救援系统，并在山谷、山涧、孤岛、水域、深坑等特殊地形利用T型横渡系统解救被困人员的技能。

图5-6　T型救援

（三）场地器材

全身吊带、救援手套、救生抛投器、三角吊带、牵引绳、静力绳、大滑轮、单滑轮、双滑轮、扁带、ID下降器、短扁带、主锁、分力板、牛尾绳、船型担架等器材。

（四）操作程序

设置指挥员1名、安全员1名、队员4名，身着全套抢险救援服，将个人装备穿戴整理完毕并经检查确认后，在A/B区域起点线就位，A/B区域操作人数不限。听到"开始"口令后，参赛队员迅速按各自分工携带装备开始操作。救援主要流程为：

① 架设横渡绳，设置担架支点；选择细绳作为引绳，利用抛投技术将引绳抛至B点，B点辅助人员利用引绳将横渡绳、牵引绳、释放绳拉至B点，设置好锚点；A点人员安装好提拉系统。

② 救援队员绳索连接分力板，携带好救援装备，B区域人员利用牵引绳将救援队员拉至C区域上方，并下降至C区域；救援队员使用救援担架将伤员固定，并通过对讲机示意A区域人员提拉；在救援队员的陪伴下将伤员救助至A区域（图5-7），救援队员回到A区域，将伤员解除连接后示意操作完毕。

图5-7　担架陪伴

（五）操作要求

① 所配备的装备不限定器材品牌，但必须经CE认证，所有装备必须有清晰的产品标识和作业强度标识，满足作业功能，严禁使用改造或自制装备。

② 救援行动中绳索救援系统必须严格按照标准T型横渡系统模型进行搭设，牵引绳和提拉释放绳末端必须使用自制停式下降器进行操作控制。

③ 救援队员必须严格按照双绳技术要求进行操作，救援队员的横渡、上升、下降作业用绳必须为双绳，牵引绳控制水平移动，提拉释放绳控制垂直移动，下降和释放控制应为可控操作，操作中严禁违反"突然死亡原则"。

④ 救援队员应下降在C区域，伤员离开C区域后在转移过程中，救援队员在陪伴伤员时应当防止伤员受到二次伤害。

七、多角度技术运用

（一）场地设置

模拟悬崖救援环境场地如图5-8所示设置。山底部设置无行动能力伤员一名。山顶设置操作线，操作线中间设置装备区，装备区摆放个人装备、公共装备等。

图 5-8　高低角度转换

（二）训练目的

提升队员利用垂直提拉系统等崖壁救援技术，及对坠落谷底、悬崖等场地的伤员实施营救的能力。

（三）场地器材

全身吊带、救援手套、三角吊带、机械抓绳器、ID下降器、手式上升器、止坠器、小滑轮、短扁带、脚踏带、梅陇锁、牛尾绳、主锁、钢锁、静力绳、辅绳、救援担架、垫布、分力板等器材。

（四）操作程序

7名救援队员身着全套救援服，将个人装备穿戴整理完毕并经检查确认后，在山顶起点线就位，听到"开始"口令后，参赛队员迅速按各自分工携带装备开始操作。救援主要流程为：

① 利用扁带制作锚点，架设两个绳索救援系统，且都为双绳系统。

② 两名救援队员携带救援担架利用个人下降器和止坠器下降至被困人员区域。下降器连接工作绳，止坠器连接保护绳。

图5-9 向下救援

③ 两名救援队员利用携带的扁带将伤员固定在救援担架上,并将担架和用于提拉的绳索连接。陪伴的救援队员需要用个人防护装备与提拉绳索连接。

④ 上方人员利用制作好的提拉系统,在1名救援队员的陪伴下将伤员救助至安全区,另一名救援队员利用绳索上升技术回到顶部(图5-9),伤员和两名救援队员都回到终点线后示意操作完毕。

(五)操作要求

① 所配备的装备不限定器材品牌,所有装备必须有清晰的产品标识和作业强度标识,满足作业功能。

② 个人装备和公共装备严禁使用改造或自制装备("改造""自制"专指绳索作业类器材),所使用的器材装备必须经CE认证,属于EN标准体系。

③ 主锁严禁使用自动锁,只准使用丝门锁。主锁准备时呈闭合状态,锁门不锁闭。

④ 救援队员应下降在伤员救治区,伤员转移过程中,救援队员在陪伴伤员时应当防止伤员受到二次伤害,陪伴的救援队员和伤员离开地面后,不得再次放回地面。

八、缆车救助

（一）场地设置

在缆车桥墩3m处标出起点线和终点线，缆车内设置2名被困人员，如图5-10所示。

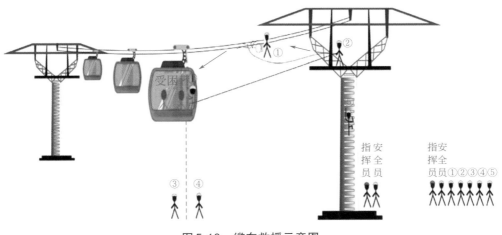

图5-10　缆车救援示意图

（二）训练目的

使队员掌握缆车救援技术的运用和操作方法，提升游乐设施安全救援能力。

（三）场地器材

全身吊带、救援手套、机械抓绳器、ID下降器、手式上升器、止坠器、小滑轮、短扁带、脚踏带、梅陇锁、牛尾绳、静力绳、攀爬钩、三角吊带、分力板、绳包、主锁、扁带环、索道滑轮、双滑轮等器材。

（四）操作程序

设置救援人员7名（指挥员、安全员和5名队员），身着全套救援服，并佩戴好个人随身器材，在起点线处站成一列横队，做好操作准备，确认各自岗位情况。救援主要流程为：

① 使用攀爬钩保护法，攀爬至缆车支架的操作平台上，制作锚点。

② 救援队员架设工作绳和保护绳，下滑至缆车轿厢。

③ 使用下降器下降至缆车轿厢内部。

④ 使用救援三角带将被困人员转移至地面。

⑤ 待所有人员下至地面后，救援人员采用回收器材下降法，下降到地面后示意操作完成。

（五）操作要求

① 所有的锚点必须是双扁带、双主锁。

② 使用攀爬钩辅助攀爬时要"低用高挂"。

③ 在缆车支架平台工作时必须保证有牛尾绳保护。

④ 所有主锁在升降的过程中必须保持锁扣朝下并上锁的状态。

⑤ 禁止主锁与主锁直接连接。

⑥ 下降器不工作时必须上锁。

九、夜间搜救

（一）场地设置

场地设在地形复杂的山区。参训队员携带照明设备、通信器材、应急物资、求生用品（砍刀、食物、水、打火机、急救包等）、救援装备（执行山地救援专业队装备配备标准）。

（二）训练目的

增强队员对夜间环境的适应能力以及搜救人员的能力，加强队员之间的团队精神和自我保护能力，提高队员运输器材的能力，增强队员的体质及耐力（图5-11）。

图5-11 夜间搜救

（三）场地器材

手持对讲机、卫星电话、数模两用对讲机、备用电源、强光探照灯、全身吊带、绳包、静力绳、手式上升器、胸式上升器、脚踏带、脚式上升器、势能吸收包、主锁、扁带环、8字环、ID下降器、STOP下降器、牛尾绳、分力板、单滑轮、双滑轮、救援担架等器材。

（四）操作程序

7名队员（设置指挥员1名、安全员1名、队员4名、伤员1名），身着全套救援服，携带山地救助器材，将个人装备穿戴整理完毕并经检查确认，做好出发准备。听到"开始"口令后，参赛队员迅速按各自分工携带公共装备开始操作。

救援主要流程为：

① 事先安排一名伤员于指定位置，救援时需要采用急救药包对伤员进行院前急救。

② 救援队员不限制使用任何技术和方式方法进行搜救。

③ 找到伤员使用救援担架将伤员固定。

④ 将伤员救助至起点后示意操作完毕。

（五）操作要求

① 所配备的装备不限定器材品牌。所有装备必须有清晰的产品标识和作业强度标识。

② 所使用的器材装备必须经CE认证，属于EN标准体系。

③ 行进途中要注意道路安全和做好自身防护。

④ 行进途中要保持通信联系，遇特殊情况时进行有效处置，并报告指挥员。

第六章

野外紧急救护技术

一、野外紧急救护

野外紧急救护，就是在野外遇到事故时，应沉着大胆、细心负责，分清轻重缓急，果断实施紧急救护措施；先处理危重病人，再处理病情较轻者，对于同一患者的损伤，先救治生命，再处理局部；观察现场环境，确保自己及伤者的安全；充分运用现场可供支配的人力、物力来协助急救。野外急救流程如下。

（1）观察

在做具体处理前，需观察患者全身，并掌握周围状况，判断伤病原因、疼痛部位损伤程度如何，或将耳朵靠近患者听呼吸声。尤其要注意脸、嘴唇、皮肤的颜色或确认有无外伤、出血，以及患者意识状况和呼吸情形，仔细观察骨折、创伤、呕吐的情况。随后，要选择具体的处理方法。尤其对呼吸停止、昏迷、大量出血、服毒等情况，不管患者有无意识，发现者均应迅速做紧急处理，否则将危及患者生命。观察症状变化，遇症状恶化时需按急救法施以应急处理。现场要尽量组织好对患者的脱险救援工作，救护人员要有分工，也要有合作。

（2）处理

在野外活动中发生的外伤或突发病况有很多种，所以也需施以各种适当的急救方法加以应对。在做急救处理时，以患者最舒适的方式移动身体。若患者意识昏迷，需注意确保呼吸道通畅，谨防呕吐物引起的窒息。为确保呼吸道畅通需让患者平躺。若有撞击到头部的患者，也要让其水平躺下，此时，若患者脸色发青需抬高其脚部；若患者脸色发红需抬高其头部；有呕吐反应的患者，需让其侧卧或俯卧。

（3）处理完毕

在紧急处理完交给医生之前，需对患者进行保暖，减少其体力消耗，以免使症状恶化。接着联络医生、救护车、患者家属。原则上，搬运患者需在充分处理后安静地运送，搬运方法随伤患情况和周围状况而定。在搬运过程中，要适度且有规律地休息，并随时注意患者的病况。现场抢救时间紧迫，对病情危重者的救治，一是要遵守急救原则，二是要抓住重点，迅速按正确步骤检查患者。

二、基础生命支持

基础生命支持，即BLS（basic life support），也就是一般人所谓的基本救命术，又称现场急救或初期复苏处理，是指专业或非专业人员进行徒手抢救。基础生命支持是心脏骤停后挽救生命的最关键措施，包括识别心脏骤停、启动应急服务系统、早期徒手心肺复苏和现场使用自动体外除颤器（AED）快速除颤。BSL中所包括的一系列抢救措施若能在心跳骤停后4min内实施，则可以使32%的患者获救。基础生命支持的主要目标是向心、脑及全身重要脏器供氧，延长机体耐受临床死亡的时间。基础生命支持技巧对内科急症患者而言，至少需要包括心肺复苏术及海姆立克法；对遭受创伤的病患而言，至少需要有止血、固定、包扎、搬运的基本救治才能得到适宜的帮助。所以基础生命支持（BLS）包含有心肺复苏术（CPR）、基本创伤救命术（BTLS）和海姆立克急救法等技术。

近年来，突发性公共事件时有发生。从2003年的"非典"到2022年的"东航坠机事件"，国家投入了大量资金进行应急救援体系的建设，建立了突发公共事件应急管理信息系统。政府的应急能力在不断提高，但急救医疗体系是一个系统工程，对救援人员和公众应对突发事件的能力也提出了更高的要求。

（一）心肺复苏的过程

心肺复苏（cardiopulmonary resuscitation，CPR）是针对心脏骤停患者采取的有效急救措施。心脏骤停一旦发生，4～6min后会造成患者大脑和其他人体重要器官组织的不可逆的损害，因此，必须在现场对患者采取急救措施，为进一步抢救直至挽回生命而赢得最宝贵的时间。

在《2020年美国心脏协会心肺复苏及心血管急救指南》中，更新了急救生存链的六个重要环节，来表达实施紧急生命支持的重要性：

① 启动应急反应系统；

② 高质量CPR；

③ 除颤；

④ 高级心肺复苏；

⑤ 心脏骤停恢复自主循环后治疗；

⑥ 康复。

（二）心肺复苏的有效指标

当施救员为患者进行心肺复苏时，需先清除口腔异物，同时务必注意确保操作规范，避免给患者带来二次伤害，同时高质量的心肺复苏是抢救成功的关键。施救者在进行CPR的过程中要注意观察患者的恢复情况，相关评判情况如下：

① 面色（口唇）：复苏有效时，面色由紫绀转为红润，若变为灰白，则说明复苏无效。

② 其他：复苏有效时，可出现自主呼吸，扩大的瞳孔缩小恢复正常，甚至有眼球活动及四肢抽动。

（三）终止心肺复苏的条件

施救员现场实施CPR应坚持不间断地进行，不可轻易作出停止复苏的决定，只有符合下列条件者，现场抢救人员方可考虑终止复苏。

① 患者呼吸和循环已有效恢复。

② 更高级的医护人员到场确定患者已死亡。

③ 有更高级的医护人员接手承担复苏或其他人员接替抢救。

（四）心肺复苏的操作步骤及方法

当施救员发现患者没有反应，呼吸、心跳停止时，要马上拨打急救电话120，并及时对患者实施心肺复苏抢救，具体救护步骤如下。

1. 第一步：判断意识

施救员应先在患者耳边大声呼唤"喂！您怎么啦？"再轻轻拍患者的肩部，注意观察患者的眼睛、嘴巴、四肢有无反应，如患者对呼唤和轻拍没反应，可判断患者无意识。

2. 第二步：寻求帮助

当施救员判断患者无意识时，应立刻求助他人帮忙拨打急救电话

120，并取来AED（自动体外除颤器）；若身边没有其他人帮忙，则自己拨打急救电话并打开免提。

3. 第三步：判断呼吸

施救员应低头侧身靠近患者脸部，眼睛观察患者胸部及上腹部有无起伏，同时心中默数：1001，1002，1003，1004，1005……如果5～10s内没有呼吸，则立即进行心肺复苏。非医护人员应谨慎使用脉搏判断法。

4. 第四步：开放气道

施救员在最短的时间内，用手帕或毛巾等抠除患者口鼻内的污泥、土块、痰、呕吐物等异物，然后开放气道，方法如下：

施救员跪在患者身体一侧，用一只手放在患者前额并向下压迫；同时另一只手的食指、中指并拢，放在颏部的骨性部分向上提起，使得颏部及下颌向上抬起、头部后仰，气道即可开放。

5. 第五步：人工呼吸

口对口吹气是一种快捷、有效的人工通气方法，呼出气体中的氧气足以满足患者的需要，方法如下：

① 保持气道开放的同时用拇指和食指捏住患者的鼻子；

② 正常吸一口气，用嘴将患者的嘴封住；

③ 给予2次人工呼吸（每次吹气约1s，每次人工呼吸时，观察患者的胸部是否开始隆起）；

④ 吹气结束后，立即恢复胸外按压，按压中断的时间不超过10s。

6. 第六步：胸外心脏按压

通过胸外心脏按压能使血液重新流向重要器官，特别是心脏和大脑，这可以促使心脏肌肉收缩，恢复正常的心律，并减少脑损伤的发生，方法如下：

① 定位。触摸颈动脉的食、中指并拢，中指指尖沿患者靠近自己一侧的肋弓下缘，向上滑至两侧肋弓交汇处定位，即胸骨体与剑突连接处；另一手掌根部放在胸骨中线上，并触到定位的食指；然后再将定位手的掌根部放在另一手的手背上，使两手掌根重叠；手掌与手指离开胸壁，手指交叉相扣。另外一种方式：一手掌根部中点与两

乳头连线中点重叠，中指长轴与两乳头连线平行一致；另一手掌根部重叠其上，双手手指交叉相扣。

② 姿势。施救者在按压时，两手应垂直在患者身体上方，两臂伸直，肘关节不得弯曲，肩、肘、腕关节成一垂直面；以髋关节为轴，利用上半身的体重及肩、臂部的力量垂直向下按压胸骨。

③ 深度。对成人进行胸外心脏按压时，每次按压的深度至少5cm（婴幼儿至少4cm）。

④ 频率。按压频率为100～120次/min，约在15～18s内完成30次按压。

⑤ 比例。一组完整的心肺复苏，包括30次胸外按压以及2次人工呼吸，即做30次胸外心脏按压后，进行2次人工呼吸，按压中断的时间不能超过10s。当AED到达现场后，应立即使用AED，并根据AED提示进行操作。

⑥ 按压注意事项：

a.确保按压部位正确，既是保证按压效果的重要条件，又是避免和减少肋骨骨折以及心脏、肺脏、肝脏等重要脏器损伤的有效措施。

b.每次按压后要充分回弹扩张，保证回心血量充足，但应注意掌根不要离开胸骨按压位。

c.每次按压时要注意节奏与力度应一致，尤其是每组最后一次按压不要力度过重。

d.按压时，注意仅是掌根与患者接触，不要将整个手掌压在患者身上，容易造成肋骨骨折。

7.第七步：人工循环

使用人工呼吸与胸外心脏按压5组循环后，检查一次生命体征。另外施救者的体力下降会影响心肺复苏质量，因此，如果现场有其他施救员则应进行轮换，直至更高级的医护人员接手。

（五）自动体外除颤器（AED）

中国是全球心源性猝死发生较多的国家，对发病者的及时救助是降低死亡率的关键，其中自动体外除颤器在提供急救的过程中发挥着重要的作用。国家印发的《健康中国行动（2019—2030年）》明确提出"完善公共场所急救设施设备配备标准，在学校、机关、企事业单位和机场、车站、港口客运站、大型商场、电影院等人员密集场所配备急救药品、器材和设施，配备自动体外除颤器（AED）。"

1. 自动体外除颤器

自动体外除颤器，是一种便携式，易于操作，稍加培训即能熟练使用，专为现场急救设计的急救设备。自动体外除颤器内部安装了分析装置，可自动判断患者是否需要给予电除颤，同时施救员可通过屏幕或者提示音，进行对应操作。需要注意的是，不同除颤器的放电技术存在差别，会一定程度上影响患者的康复。

2. 如何使用自动体外除颤器

① 检查自动体外除颤器是否安装好电池，电量是否充足。

② 点击自动体外除颤器开关按钮（部分机型直接打开盖子即开机），然后会收到语音提示，根据语音提示进行操作。

③ 在放置电极片前，需要擦干患者身上的水，移除身上的衣物，如果患者的胸毛比较多则需要剃除。在为患者安放电极片时，需按要求正确放置电极片，一块放在胸骨右缘第 2 ～ 3 肋间（心底部），另一块放在左腋前线第 5 ～ 6 肋间（心尖部）。

④ 自动体外除颤器对患者心律进行监测，同时提示所有人员不能接触患者。

⑤ 根据语音提示判断是否需要进行电击，如果需要则按下放电按钮，放电前应确认所有人员离开患者；如果不需要则根据语音提示进行心肺复苏。

⑥ 根据语音提示进行急救操作，直到更高级的医护人员到来。

三、窒息处理技术

在野外，被困人员常因饥饿后快速进食引起气道食物阻塞，从而引发窒息。救援人员在现场采取海姆立克急救法能有效应对此情况引起的患者窒息现象。

（一）海姆立克急救法的应用条件及原理

海姆立克急救法适用于成人、婴幼儿等各类人样，其原理并不复杂，就是用外力来冲击腹部和膈肌下的软组织，产生一个向上的压力，压迫两肺的下部，驱使肺部残留的空气形成一股气流。这股带有冲击性、方向性的长驱直入气管的气流，就能将堵住气管、喉部的食物硬块等异物驱除，使人获救。

整个过程可以将人的肺部设想成一个气球，呼吸道就是气球的气嘴儿，假如气嘴儿被异物阻塞，可以用手捏挤气球，从而将阻塞气嘴儿的异物冲出，这就是海姆立克急救法的物理学原理。而一般出于直觉进行的急救措施是去拍打病人背部，或将手指伸进口腔咽喉去取异物，其结果不仅无效反而可能使异物更深入呼吸道。

（二）什么情况应用海姆立克急救法

异物卡喉的患者不能说话，不能呼吸，可能会用一只手或双手抓住自己的喉咙。此时可以询问患者："你被东西卡住了吗？"如病人点头表示"是的"，即立刻施行海姆立克急救法抢救。如无此特征，则应观察是否有其他现象，如病人不能说话或呼吸，面、唇发绀，失去知觉。

（三）海姆立克急救法操作要点

1.成人窒息

施救者站在患者后面，腿呈弓步状，前脚置于患者双脚间。一只手握拳以大拇指侧与食指侧对准患者剑突与肚脐之间的腹部，具体部位为肚脐上两横指处。将患者背部轻轻推向前，使病人处于前倾位，头部略低，嘴要张开，以利于呼吸道异物被排出。另一手置于拳头上并握紧，双手急速冲击性地向内上方压迫其腹部，反复有节奏、有力地进行，以形成气流把异物冲出。因此，这一急救法又被称为"余气冲击法"。检查口腔，如异物已经被冲出到口腔，则迅速用手将其从口腔一侧钩出。

若自己的呼吸道堵塞，而又处在孤立无援的境地，可用自己的拳头和另一只手掌猛捅腹部，或用圆角或椅背快速挤压腹部。在这种情况下，任何钝角物件都可以用来挤压腹部，使阻塞物排出。

2. 儿童窒息

当发现婴儿出现呼吸困难、面色发绀等情况时，首先需判定婴儿是否属于异物梗塞：采用仰头举颏法开放气道，进行人工呼吸，若患儿的胸部不能起伏，则判定为呼吸道异物梗塞。若是小于1岁的婴儿，呼吸道有异物，则不可用海姆立克急救法，以免伤及腹腔内器官。此时应用两手前臂将婴儿翻转为俯卧位，用手掌根叩击婴儿背部肩胛4～5次，检查口腔，如异物咳出，则迅速采用手取异物法处理；如果异物未咳出，则用两手前臂将婴儿反转为仰卧位，在婴儿两乳头连线下一拇指处，用中指和食指快速冲击按压4～5次，检查口腔，如异物咳出，则迅速用手取出；如异物仍未能咳出，重复背部叩击和胸部冲击多次。切忌将婴儿双脚抓起倒吊从背部拍打，由于人体构造关系，如此做不仅无法将气管异物排出，还会增加婴儿颈椎受伤的危险。

（四）海姆立克急救法的局限

海姆立克急救法虽然有一定的效果，但也可能带来一定的危害，尤其对于老年人，因其胸腹部组织的弹性及顺应性差，故容易导致损伤的发生。

四、急救止血技术

① 环顾四周，评估现场环境是否安全并报告。

② 认真检查伤员伤情及出血情况。

③ 如为大的动脉、静脉出血或创面出血凶猛，立即用指压止血法止血，接着用止血带止血，检查止血效果（扪远端动脉搏动），记录扎止血带的部位及时间。如为单人操作，使用止血带之前，应指导伤员用健肢协助指压止血。止血带止血法操作要点：指压止血后先将患肢抬高 2min，指导伤员用健肢指压止血，在扎止血带部位（上肢在上

臂上 1/3 段，下肢在大腿上 2/3 段）垫衬垫，扎止血带的压力应均匀、适度，以刚好阻止动脉血液流动为宜，手法应正确，扎止血带的部位和时间要有明显的记录。

④ 对上肢软组织损伤创面，用加压包扎止血法包扎创面并用三角巾悬吊上肢至肘关节呈80°～85°，并检查止血效果。螺旋形加压包扎止血法操作要点：首先检查伤口，排除异物和骨折情况，然后用敷料按无菌操作原则（敷料手接触面不能接触创面，敷料应大于创面）覆盖在创面上，再用绷带先在敷料远端环形扎两圈使其牢固，然后螺旋形向上包扎，每一圈适度加压压住上一圈的三分之二，使绷带边缘保持整齐，最后平绕一圈，在伤肢外侧用绷带扣固定，包扎完毕敷料不能有外露。

⑤ 对有异物的伤口，不能拔除异物，应先固定异物，再进行包扎。头部有异物的伤口包扎操作要点：先检查伤口及异物情况，用适当的敷料覆盖异物周围，用三角巾制作固定圈固定异物，再进行三角巾帽式包扎。三角巾帽式包扎操作要点：伤口覆盖敷料，除去眼镜及头饰，将三角巾底边向内折起数厘米，置于眉弓上方和头顶，将三角巾两端经耳上方往后收，在枕后交叉，再绕回前额中央打结，将结尾折入带边内，将三角巾顶角轻轻拉紧固定后折入带内。

五、颈椎损伤的固定与搬运技术

（一）颈椎损伤的固定与搬运原则

急救员正面走向伤者，表明身份；告知伤者不要做任何动作，初步判断伤情，简要说明急救目的；先稳定自己，再固定伤者，避免加重颈椎损伤；用"五形拳"的方法徒手固定后再用颈托固定；统一协调，整体搬运，在移动过程中保持脊柱维持成一条直线。

（二）"五形拳"徒手固定操作规范

① 头锁：伤者仰卧位，术者双膝跪在伤者头顶位置，并与伤者身

体成一直线，先固定自己双手手肘（放在大腿上或地上），双掌放在伤者头两侧，拇指轻按前额，食指和中指固定其面颊，无名指及小指放在耳下，不可盖住耳朵，助手食指指在胸骨正中，以便术者调整颈部位置。

② 胸背锁：术者位于伤者身体一侧，一手肘部及前臂放在伤者胸骨之上，拇指及食指分别固定于面颊上，另一手臂放在背部脊柱上，手指锁紧在枕骨上，双手调整好位置后同时用力。手掌不可遮盖伤者口鼻。

③ 胸锁：伤者仰卧位，术者跪于伤者头肩位置，一手肘及前臂紧贴伤者胸骨之上，手掌固定伤者面颊。另一手肘稳定后，手掌固定伤者前额。不可遮伤者口鼻。

④ 斜方肌挤压法：伤者仰卧位，术者位于伤者头顶部，与伤者身体成一直线，先固定双手肘（放在大腿或地上）。双手在伤者颈部两侧，拇指和四指分开伸展至斜方肌，掌心向上，手指指向脚部，锁紧斜方肌，双手前臂紧贴伤者头部使其固定。

⑤ 改良斜方肌挤压法：伤者仰卧位，术者双膝跪于伤者头顶部，与伤者身体成一直线，先稳定自己双手手肘（放在大腿或地上），一手如斜方肌挤压法般锁紧其斜方肌，另一手则像头锁般固定伤者头部，手掌及前臂须用力将头部固定。

（三）颈椎损伤的固定与搬运操作流程

① 初步判断伤情，固定伤者头颈部。

② 在放置颈托前测量伤者颈部长度，用拇指与食指分开成直角，四指并拢，拇指位于下颌正中，食指置于下颌下缘，测量下颌角至斜方肌前缘的距离。

③ 调整颈托，塑形。

④ 放置颈托时先放置颈后，再放置颈前，保证位置居中，扣上搭扣，调节松紧度适中。

⑤ 颈托固定后，进一步检查判断伤情：检查伤者头面部、耳、鼻、气管是否居中，胸骨有无骨折；进行胸廓挤压分离试验、骨盆挤

压分离试验；检查腹部、会阴部、背部、四肢有无损伤。

⑥搬运：

a.移动伤者：急救员动作统一协调，搬动必须平稳，防止头颈部转动和脊柱弯曲。

b.固定伤者：伤者躯体和四肢固定在长脊板上，按从头到脚顺序固定，头部固定器固定头部，胸部固定带交叉固定，髋部、膝部固定带横向固定，踝关节固定带绕过足底"8"字形固定。

c.担架搬运时，伤员的头部与担架前进方向相反，足部朝前，以便于抬担架者随时观察伤员的情况。

d.担架上坡时（过桥、上梯），前面要放低，后面要抬高；下坡（台阶）时则相反，使担架始终保持在水平状态。

六、常见的野外受伤与救治

（一）扭伤

扭伤是关节部位的损伤，如图6-1所示。一旦受伤，应立即用弹性绷带包好，并将受伤部位垫高，避免再次损伤。在扭伤发生后48小时之内，受伤部位的软组织渗出加重，应该用冰袋冷敷，减少渗出，每小时一次，每次半小时；48小时之后，受伤部位开始吸收之前的渗出，这时应该换为热敷，加快受伤部位的血液循环，可以加快消肿。

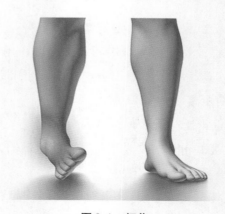

图6-1　扭伤

（二）中暑

出现中暑先兆时，应立即撤离高温环境，在阴凉处安静休息并补充含盐饮料或电解质液。如果患者呼吸停止，应立即进行人工呼吸。遇到中暑患者（图6-2），应将患者抬到阴凉处平卧休息，解松或者脱去患者衣服，用湿水浸透的毛巾擦拭其全身，通过蒸发降温。如降温处理不能缓解病情，则为重症中暑，需要及时送医处理。人中暑后很虚弱，不要一次大量饮水，应少量多次补充水分。

图6-2　中暑

（三）蜇伤

人被蜜蜂蜇伤（图6-3）后，局部有疼痛、红肿、麻木等症状，数小时后能自愈；少数伴有全身中毒症状，蜇伤处出现水疱。轻者可口服抗组胺药；重者可皮下注射或肌肉注射1∶1000肾上腺素0.5～1mg或静脉滴注氢化可的松100～200mg或地塞米松5～10mg。若蜂毒剧烈，患者因过敏性休克发生心跳、呼吸停止，则应立即现场进行心肺复苏，并等待急救车前来救援。

图6-3　蜜蜂

（四）触电

意外事故中，电源泄漏、雷雨时缺乏防范被闪电击中，也可引起触电。现场救治应争分夺秒，火速切断电源。

① 关闭电源：迅速关闭电源开关、拉开电源总闸刀是最简单、安全而有效的方法。施救者利用干燥木棒、竹竿等绝缘物品挑开接触触电者的电线，使触电者迅速脱离电源，并将此电线固定好，避免他人触电（图6-4）。

② 斩断电路：若在野外或远离电源开关的地方，尤其是雨天，不便接近触电者以挑开电源线时，可在距现场20m以外用绝缘钳子或干燥木柄的铁锹、斧头、刀等将电线斩断。

③ "拉开"触电者：如触电者仍在漏电的机器上，应赶快用干燥的绝缘棉衣、棉被将触电者推拉开；千万别直接拉触电者，否则会一起触电。脱离电源后，确认触电者心跳和呼吸情况，如果停止，急救者应立即用人工呼吸法和胸外心脏按压法进行心肺复苏。电灼伤创面周围皮肤用碘伏处理后，加盖无菌敷料包扎，以减少污染。在高空高压线触电抢救中，要注意再摔伤的可能性。

图6-4　触电

（五）冻伤

冻伤一般发生在寒冷天气。冻伤会影响暴露于低温环境的身体部位，例如手指（图6-5）、脚趾、鼻子和耳朵等。冻伤的表现如下：

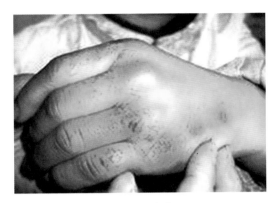

图6-5 冻伤

① 覆盖冻伤区域的皮肤发白，呈蜡色或者黄灰色；

② 冻伤部位冰冷麻木；

③ 冻伤部位变得僵硬，皮肤无法推动。

此时应主动脱掉患者潮湿或紧身的衣服，保持患者身体干燥；为患者穿上干衣服，并在其身上盖上毯子或者保温处理；从冻伤部位取下紧贴的金属首饰。如果认为患者身体有可能再次冻伤，请不要尝试给冻伤的身体部位解冻。不要揉搓冻伤部位，否则可能造成损伤。

（六）失温

失温，简单说就是体温低于正常体温。众所周知，体温在37.5℃以上，就是发热，体温在39℃不降低，人就会昏迷直至死亡。失温的情况也类似，体温低于35℃，人也会丧失意识乃至昏迷死亡。理论上，只要环境温度低于体温，人体散热大于产热就容易引起失温。如果在风寒和下雨天气，环境温度在10℃以下，随着雨淋人体的代谢性或活动性产热无法弥补平衡，人体就可能会迅速降低体温到失温状态。

户外运动中，易发生失温的原因：

① 高度变化：根据气象测定，一般海拔高度每升高1000m，气温下降6.5℃，因此，高原地区比同一纬度的其他地区更寒冷。

② 恶劣天气：温度骤降，风速、阴雨的变化无常（小气候无法准确预报）。

③ 保温措施不当：未做好头面部保护，服装抗风防雨性能不良，

内衣不当。

④ 体力透支及身体素质不良：小孩、老人、糖尿病、甲状腺（甲状腺激素过低）病人等。

失温表现如下（图6-6）：

① 皮肤触感发凉；

② 寒颤，体温过低时停止寒颤；

③ 意识不清；

④ 嗜睡甚至对自己的症状漠不关心；

⑤ 皮肤变得冰冷发绀，肌肉僵硬。

图6-6　失温

此时应迅速将患者移出寒冷场所，脱下湿衣服换上干燥的衣服，并用毯子或者毛巾，及其他保暖物品裹住身体和头部，露出脸部。同时迅速补充热量，人体内部的热量补充可通过饮用葡萄糖水溶液、补充热水等方式；其次是通过外部的热源补充，如拥抱、烤火等。如果患者失去反应且呼吸不正常或者仅有濒死叹息样呼吸，应及时实施心肺复苏。

（七）失血性休克

大量失血引起的休克称为失血性休克，常见于外伤引起的出血（图6-7）、消化道溃疡出血、妇产科疾病所引起的出血等。短期内，人体失血超过总血量的30%～35%会发生休克，大约是1000～1500ml的血量，约合2～3瓶可乐的量。休克典型表现是：皮肤苍白、冰凉、湿冷（常常有花斑），心跳过快或过慢，呼吸急促，颈动脉搏动减弱，尿量减少，意识改变，血压下降等。有时候，受惊吓引起的晕厥等，并不是休克。

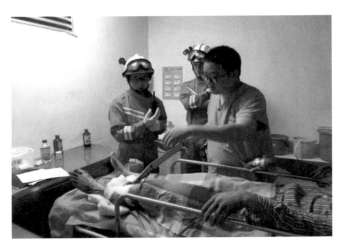

图6-7　大出血

① 心肺复苏：有严重休克的病人，往往已经出现心跳、呼吸停止，这时候需要立即开始心肺复苏。

② 立即止血：必须立即确定出血部位，最有效的方法是压迫止血，可用清洁的棉垫或毛巾，直接压迫伤口。

③ 迅速输血：紧急处理后，需立即将病人转运到医院，最短时间内补充丢失的血液。

注意事项：

① 在用担架或平车转运时，病人的头部应靠近后面的抬担架者，这样后面的抬担架者可以对休克病人随时密切观察，以应对病情恶化。

② 在将病人送往医院的途中，病人头部的朝向应与交通工具（救护车、飞机等）前进的方向相反，以免加速作用导致病人脑部进一步失血。

③ 人体发生失血性休克时，大脑处于缺血、缺氧状态，使用冰袋降低头部温度，可以有效降低大脑的损伤程度。

（八）低血糖

血糖太高或者太低都会导致身体出问题。一些有糖尿病的人会使用维持血糖水平的药物，如胰岛素。如果野外患者过长时间没有进食或者发生呕吐，或吃的食物不足以维持身体活动水平，或者注射了胰岛素，都有可能发生低血糖。患者血糖过低会表现出急躁不安、意识不清，饥饿、口渴或身体虚弱，困倦、多汗，严重时甚至出现抽搐或昏迷（图6-8）。如遇到患者表现出低血糖症状，应让患者吃些或喝些含糖食物，以帮助患者快速恢复血糖水平（这些食物包括葡萄糖片剂、果汁、糖分凝胶、果泥或全脂牛奶），然后让患者安静休息或躺下。如果患者低血糖严重，请及时呼叫专业救援。

图6-8　低血糖

（九）断肢

遇到外伤断肢，首先应呼叫专业救援。肢体未完全断离，仍有一点皮肤或组织相连时，其中可能有细小血管足以提供营养，避免断肢坏死，此时务必小心谨慎，妥善包扎保护，防止血管再次扭曲或拉伸。

① 立即用干净纱布加压包扎伤口止血。若有大量出血，考虑用止血带止血，注明止血时间。

② 如果肢体完全断离（图6-9），将断肢用无菌纱布包好，放进干净塑料袋中，以干燥冷藏方法保存断肢。断肢不可直接与冰块或冰水

接触，以免冻伤变性。

③ 除非断肢污染非常严重，一般不要自己冲洗和用任何液体浸泡断肢，应立即去医院救治。酒精可使蛋白质变性，故绝对禁忌将断肢直接浸泡于酒精内。

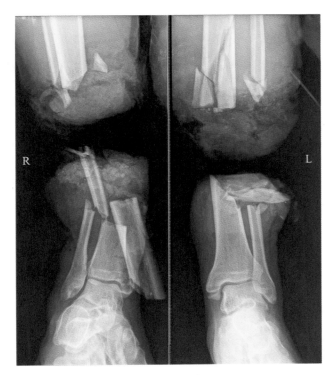

图6-9　断离

（十）食物中毒

在户外饮食应当十分注意，如果吃了不干净的食物出现恶心、呕吐、腹泻、腹痛的症状，就极有可能是食物中毒了（图6-10）。食物中毒后自我急救的最常用办法就是催吐。当然，这种紧急处理并不是治疗食物中毒的最好办法，只是为治疗急性食物中毒争取时间。在紧急处理后，应该马上请患者去医院治疗。去医院治疗前不要轻易服止泻药，以免贻误病情。轻症者可服用氟哌酸、黄连素等药，呕吐、腹泻次数多者要及时补充含糖、盐的水分。

图6-10 食物中毒

（十一）溺水

溺水（图6-11）的急救处理：仔细观察患者呼吸和心跳情况，对呼吸、心跳停止者，应立即启动心肺复苏程序，切勿对患者进行控水操作。对溺水者实施控水，是一种常见的民间急救方法，如倒挂控水、颠簸、肘膝腹部冲击等。但是，群众对溺水控水存在错误的认知，常以为溺水即水进入人体，把水倒出来即可，然而，控水更多时候排出来的水是胃部的水，不是肺部的水。

图6-11 溺水

对于干性溺水，由于喉痉挛、气管痉挛，甚至声门关闭，呼吸道及肺部根本没有水或只有很少的水进入；对于湿性溺水，大量水进入呼吸道至肺部，此时患者大多意识丧失，或心肺功能衰竭，且大多存在舌后坠、喉痉挛或气管痉挛，通过控水法很难排出肺内的水。因此，控水法表面上给人的错觉是经口鼻排出肺内的水，造成效果明显的假象，其实更多的是排出胃内的积水。控水法不仅无法有效抢救溺水者，反而会错过急救的黄金时间，甚至增加胃内容物误吸风险。有些控水过程，由于操作不当，还增加了意外伤害的风险。

（十二）高原反应

高原反应也是山地救援中会遇到的一种急救症状。人员初次进入海拔在3000m以上的地区，可能引发一系列高原不适症状，这种不适症状称为高原反应，严重者会出现系列症状和机能代谢变化的高原适应不全症，也称为急性高原反应。

高原反应并非要攀爬七八千米的雪山时才会发生，任何在海拔三四千米处的徒步、远足或观光都有可能会引发高原反应。

高原反应有三种类型，最后两种最可能致命：

① 急性高山病（AMS），是最温和、最常见的一种；

② 高海拔脑水肿（HACE），是指大脑开始肿胀；

③ 高海拔肺水肿（HAPE），是指肺部开始充满液体。

1.如何判断高原反应

① 发生的时间：一般发生在到达高海拔地区6 ～ 12h后，少数1 ～ 3天后发生。

② 恢复时间：一般3 ～ 7天内恢复，情况严重的恢复时间可能达2周以上。

③ 普通表现：

呼吸循环系统：心慌、气短、胸闷；

消化系统：食欲不振、恶心、呕吐；

神经系统：头部剧烈疼痛、意识恍惚、认知能力骤降；

其他：鼻出血、口唇指甲紫绀、全身乏力等。

④ 严重高原反应的表现和判断：脑水肿、肺水肿。

2.急救处理方式

① 摆好体位：让病人半卧，或者斜坐起来，两腿下垂，减少静脉回流。

② 吸氧（图6-12）。

图6-12　吸氧

③ 速尿，或其他利尿剂：降低血容量，减小心脏负荷。口服速尿（呋塞米，20mg/片），起始剂量为1次20～40mg，1日1次，必要时6～8小时后追加20～40mg。1日最大剂量可达600mg，但一般应控制在100mg以内，分2～3次服用（这是成人用量）。特别提示：速尿是处方药，需在医生指导下使用。使用速尿可能会出现轻微恶心、腹泻、药疹、视力模糊、直立性眩晕、肌肉痉挛、口渴等副作用。

④ 强心剂、氨茶碱（需专业医护人员操作）。

⑤ 心痛定（硝苯地平）、速效救心丸：血管扩张剂，降低心脏前后负荷。

⑥ 地塞米松（糖皮质激素）：减少毛细血管通透性，降低周围血管阻力。口服地塞米松（0.75mg/片），1日0.75～6mg，分2～4次服用，维持剂量为1日0.5～0.75mg（以上是成人用量）。注意：地塞米松是处方药，需在医生指导下使用。滥用此药，在真正需要抢救时会降低其应有的作用。可能存在的副作用：大剂量使用，可引起眼内压

升高，高血压，消化道溃疡、出血甚至穿孔等；并发感染者，单独服用此药可使感染扩散或者加重。

⑦ 经初步急救，迅速转移至低海拔处。

⑧ 一旦呼吸、心跳发生骤停，立即进行心肺复苏。

（十三）蛇咬伤

蛇（serpentes）是脊索动物门、爬行纲下的一类动物。根据 *The Reotile Database* 的收录，全世界有蛇3425种，中国有241种。随着野外调查的深入，中国蛇类新种不断增多。我国毒蛇分布遍及国内大部分地区，尤其是南方各省份。人被毒蛇咬伤后病情凶险，发展迅速，重者可致死亡。随着夏季气温升高，蛇虫出没进入多发期，消防救援人员在野外驻训，山地、水域事故救援，森林灭火时均有可能遇蛇，在接处抓蛇警情时，也存在被蛇咬伤的风险。

1.蛇咬伤急救

毒蛇咬伤的急救，是指被咬伤后在短时间内能否得到及时、合理、有效处理，与愈后的关系很大。经咨询医护人员得知，临床上常遇到一些被毒蛇咬伤的病人，因急救过迟、中毒严重，即使用疗效显著的蛇药也难以收到预期效果。另外，也见到不少病人，虽然被剧毒的蛇咬伤，但能及时急救处理，中毒症状往往很轻，治疗也较容易，愈后也很好。对待蛇咬伤的正确措施是七分急救，三分治疗。毒蛇、无毒蛇咬伤的区别见表6-1。部分毒蛇的毒液区别见表6-2。

表6-1　毒蛇、无毒蛇咬伤后主要区别

咬伤反应	毒　蛇	无毒蛇
疼　痛	灼烧、疼痛、范围扩展快（银环蛇除外）	痛，不扩展，不明显加剧
肿　胀	红肿显著、扩展快（银环蛇、海蛇除外）	红肿不显著、不扩展
出　血	常出血、周围瘀斑、水泡	少出血或不出血、无斑、水泡
淋巴结	近处淋巴结肿大、触痛	不肿大、无触痛
全身症状	不同种类，症状不同	无

表6-2 部分毒蛇毒液区别

品种	干蛇毒致死量	蛇咬射出毒液量
银环蛇	1.0mg	5.4mg
海蛇	3.5mg	94mg
金环蛇	10.0mg	43mg
眼镜王蛇	12.0mg	100mg
眼镜蛇	15.0mg	211～578mg
蝮蛇	25.0mg	45～150mg
竹叶青	100.0mg	14.1mg
蝰蛇	4.2mg	72mg
五步蛇	不详	119.9～234.9mg

2.蛇毒的分类

（1）神经毒

神经毒能阻断中枢神经和神经肌接头的递质传递，引起呼吸麻痹和肌瘫痪。

致伤的表现：伤口局部出现麻木；知觉丧失，或仅有轻微痒感；伤口红肿不明显，出血不多；约在咬伤半小时后，感觉头昏、嗜睡、恶心、呕吐及乏力；若抢救不及时则最后出现呼吸及循环衰竭，病人可迅速死亡。

神经毒吸收快，危险性大，又因局部症状轻，常被人忽略。其伤后的第1～2天为危险期，一旦度过此期，症状就能很快好转，而且治愈后不留任何后遗症。

其代表性的毒蛇有：金环蛇、银环蛇等。

（2）血液循环毒（血循毒）

血循毒有溶组织、溶血或抗凝作用，会导致机体广泛出血和溶血。

致伤的表现：咬伤的局部迅速肿胀，并不断向近侧发展，伤口剧痛，流血不止；伤口周围的皮肤常伴有水泡或血泡，皮下瘀斑，组织坏死。

血循毒致伤的病人由于症状出现较早，一般救治较为及时，故死亡率可低于神经毒致伤的病人。但由于发病急，病程较持久，所以危险期也较长，治疗过晚则后果严重，治愈后常留有局部及内脏的后遗症。

其代表性的毒蛇有：蝰蛇、竹叶青、五步蛇（尖吻腹）、莽山烙铁头蛇等。

（3）混合毒

混合毒兼有神经毒和血液毒的病理作用。

致伤的表现：兼有神经毒及血液毒的症状，从局部伤口看类似血液毒致伤，如局部红肿、瘀斑、血泡、组织坏死及淋巴结炎等；从全身来看，又类似神经毒致伤（此类伤员死亡原因仍以神经毒为主）。

其代表性毒蛇有：眼镜蛇（俗称饭铲头）、眼镜王蛇（俗称过山峰）等。

3. 蛇咬伤基础急救

消防救援人员在野外驻训，山地、水域事故救援或处置抓蛇警情不幸被蛇咬伤后，应保持冷静，采取以下措施。

① 记住蛇类特征或拍下蛇的照片，也可查阅网上资料。无毒蛇咬伤时，皮肤留下细小齿痕，局部稍痛，可起水泡。毒蛇咬伤后一般在局部伤处留下两排深而粗的齿痕，或两列小齿痕上方有一对大齿痕，有的大齿痕里甚至留有断牙，伤口疼痛，肿胀蔓延迅速，淋巴结肿大，皮肤出现血疱、瘀斑，甚至局部组织坏死。如果蛇咬伤发生在夜间无法看清蛇形，从伤口上也无法分辨是否为毒蛇所伤时，万万不可等待伤口情况发生变化来判断是否被毒蛇咬伤，此时必须按毒蛇咬伤进行处理。

② 脱掉戒指、手环、手表等物品。

③ 使用弹性绷带绑扎，采取螺旋包扎法对患部进行包扎，减少毒液回流，包扎范围愈大愈好。

④ 将患肢低于心脏的位置，尽量保持静止不动，减缓毒液扩散的速度。

⑤ 不可使用冰敷，以免造成组织坏死。

⑥ 不可使用酒精，以免毒液扩散。

⑦ 非不得已，不建议用口吸伤口毒液。

⑧ 尽快送医。如无法快速送医救治，可参考迅速排除毒液（切记要先绑扎再排毒）方法：立即用凉开水、泉水、肥皂水或 1：5000

高锰酸钾溶液冲洗伤口及周围皮肤，以洗掉伤口外表毒液。如果伤口内有毒牙残留，应迅速用小刀或碎玻璃片等尖锐物挑出，使用前最好用火烧一下以消毒。以牙痕为中心作"十"字切开，深至皮下，然后用手从肢体的近心端向伤口方向及伤口周围反复挤压，促使毒液从切开的伤口排出体外，边挤压边用清水冲洗伤口，冲洗挤压排毒须持续 $20 \sim 30\text{min}$。也可用拔火罐等负压方法吸出毒液。切开、冲洗伤口后，每次用火柴 $6 \sim 8$ 枚，放于伤口处，反复烧灼 $2 \sim 3$ 次。这是因为局部高温可使蛇毒蛋白凝固，丧失毒性。在野外被毒蛇咬伤或急救条件较困难的情况下，也可单独用火烧伤口进行急救。

但如遇血循毒蛇咬伤且伤后流血不止，一般不宜切开伤口，以防止出血增加。

4. 蛇毒的治疗方式

蛇毒的治疗是针对毒蛇种类给予抗蛇毒血清，目前有以下几种。

① 蛇药，一般是季德胜蛇药，被毒蛇咬伤后，即取蛇药 20 片，捻碎，以温开水（如加少量酒更好）服下，以后每隔 6 小时续服 10 片。

② 单价的抗五步蛇毒血清。

③ 多价的抗出血性（龟壳花、赤尾鲐）蛇毒血清、抗神经性（眼镜蛇、雨伞节）蛇毒血清。

④ 多价抗锁链蛇及其他五种蛇毒的血清。

抗蛇毒血清愈早注射，效果愈大。一般而言，在咬伤后 4 个小时内注射最有效，超过 8 个小时效果较差，因此，越早送医，越早治疗，越少危及生命。使用抗蛇毒血清必须特别注意防止过敏反应。注射前必须先做过敏试验并详细询问既往过敏史。遇有血清过敏反应，用抗过敏治疗。

5. 注射抗蛇毒血清，有少数人可能会发生下列副作用

① 血清休克：发生于注射血清后数分钟至一小时，症状有荨麻疹、腹痛、腰痛、呼吸困难、血压下降。

② 血清病：注射后 $4 \sim 10$ 日发作，症状有荨麻疹、发热、淋巴结肿、关节痛，可以用类固醇治疗。

③ Arthus 反应：注射 7 日至 3 个月后，再注射同种动物血清，会引

起局部反应或组织坏死。

6.广东常见蛇类

（1）眼镜王蛇

眼镜王蛇（图6-13）别称山万蛇、过山峰等，虽称为"眼镜王蛇"，但此物种与真正的眼镜蛇不同，并不是眼镜蛇属的一员，而是属于独立的眼镜王蛇属。其相比眼镜蛇性情更凶猛，反应也极其敏捷，头颈转动灵活，排毒量大，毒性极强，是世界上最危险的蛇类之一。这种蛇在中国西南与华南地区常有出没，通常栖息在草地、空旷坡地及树林里，主要食物就是与之相近的同类（其他蛇类），所以在眼镜王蛇的领地，很难见到其他种类的蛇。

图6-13　眼镜王蛇

（2）尖吻蝮（五步蛇）

尖吻蝮（图6-14）是蛇亚目蝰科蝮亚科尖吻蝮属（一个有毒单型蛇属）下唯一的一种毒蛇，又称百步蛇、五步蛇、七步蛇、蕲蛇、山谷虌、百花蛇、中华蝮等，是亚洲地区相当著名的蛇种。

图6-14　尖吻蝮（五步蛇）

（3）莽山原矛头蝮

莽山原矛头蝮（图6-15）是中国特有的巨型毒蛇种，全长可达2m，具有管牙，通身黑褐色，其中间杂有极小黄绿色或铁锈色点，构成细的网纹印象，背鳞的一部分为黄绿色，成团聚集，形成地衣状斑，与黑褐色等距相间，纵贯体尾，左右地衣状斑在背中线相接，形成完整横纹或前后略交错。其头部为三角形，略大，有颊窝，看上去像是一块烙铁，故俗称其为莽山烙铁头。

图6-15　莽山原矛头蝮

（4）舟山眼镜蛇

舟山眼镜蛇（图6-16）在广东、广西、香港俗称饭铲头，台湾则称之为饭匙倩、饭匙铳、膨颈蛇，属于眼镜蛇科，分布于中国长江以南大部分中低海拔地区，为大型前沟牙毒蛇。其受到惊扰时，常竖立前半身，颈部平扁扩大，作攻击姿态，同时颈背露出呈双圈的"眼镜"状斑纹。其体色一般为黑褐或暗褐，背面有或无白色细横纹，成蛇体全长为1.5～2m。

图6-16　舟山眼镜蛇

（5）圆斑蝰

圆斑蝰（图6-17）别称百步金钱豹、卢氏蝰蛇（鲁塞尔氏蝰蛇）、锁蛇等，为蛇亚目蝰科蝰亚科山蝰属下的一种有毒蝰蛇。其体粗壮，全长1m左右；头较大，三角形，前端较窄，后端较宽；鼻孔大，背位，无颊窝，头背为小鳞，起棱。其在中国主要分布于福建、台湾、广东、广西。

图6-17　圆斑蝰

（6）白眉蝮

白眉蝮（图6-18）是蛇目蝰科的一种剧毒蛇类，生活在平原、丘陵或山区，主要栖息在宽阔的田野中，很少到茂密的林区中，夏季一般在丘陵地带活动，炎热时喜欢栖息在荫凉通风处。其受惊时并不逃离，而是将身体盘卷成圈，并发出"呼呼"的出气声，身体不断膨缩，持续半小时之久。它以鼠、鸟、蜥蜴为食，采用突袭方式捕食，躯干前部先向后曲，猛然离地再向前冲并咬住猎物不放，直至吞食下去。

图6-18　白眉蝮

（7）原矛头蝮

原矛头蝮（图6-19）为管牙类毒蛇，有剧毒，为蝰科原矛头蝮属的爬行动物，俗名烙铁头、笋壳斑、老鼠蛇和恶乌子等，是台湾六大毒蛇之一。其头呈三角形，头长约为其宽的1.5倍。常与无毒的拟龟壳花蛇混淆，拟龟壳花蛇的头部较圆。

图6-19　原矛头蝮

（8）王锦蛇

王锦蛇（图6-20）属游蛇科蛇类，体大凶猛，且无毒，食谱广泛，野外捕食鼠、鸟、鸟蛋及其他小型动物。其在中国主要分布于河南、山东南部（以前分布较多，近年来受生态环境的恶化和人为因素等影响，较为少见）、陕西、四川、云南、贵州、湖北、安徽、江苏、浙江、江西、湖南、福建、台湾、广东、广西等地。其在国外分布于越南、日本。王锦蛇主要生活于平原、丘陵和山地。

图6-20　王锦蛇

（9）红脖颈槽蛇

红脖颈槽蛇（图6-21）为游蛇科颈槽蛇属的爬行动物，俗名野鸡项、红脖游蛇、扁脖子等，分布于缅甸、泰国、柬埔寨、老挝、越南、印度、马来西亚、印度尼西亚，以及中国的福建、广东、香港、海南、广西、四川、贵州、云南等地，多生活于农耕区的水沟附近。其生存地的海拔上限为2250m。

图6-21　红脖颈槽蛇

（10）滑鼠蛇

滑鼠蛇（图6-22）别称乌肉蛇、草锦蛇、长标蛇、水律蛇、山蛇等，是一种无毒蛇。其背面黄褐色，体后部有不规则的黑色横纹，在中国主要分布于南方地区，生活于海拔800m以下的山区、丘陵、平原地带。该蛇性情较凶猛，攻击速度快，捕食鼠类、蟾蜍、蛙类、蜥蜴和其他蛇等。

图6-22　滑鼠蛇

（11）绿瘦蛇

绿瘦蛇（图6-23）为游蛇科瘦蛇属的爬行动物，俗名菱头蛇、蓝鞭蛇、鹤蛇。其分布在印度、缅甸、印度尼西亚、菲律宾，以及中国的福建、广东、香港、广西、贵州、云南、西藏等地，生活习性为树栖，以蛙类、蜥蜴、小鸟等为食。

图6-23　绿瘦蛇

（12）绿锦蛇

绿锦蛇（图6-24）为游蛇科锦蛇属的爬行动物，分布在印度、越南以及中国的浙江、安徽、福建、河南、广东、广西、四川、贵州等地，生活习性为树栖，是我国的易危物种，白天活动为主，主要以鸟、蜥蜴、小型哺乳动物或蛙类为食，野生的个体脾气暴躁攻击性强。

图6-24　绿锦蛇

（13）青环海蛇

青环海蛇（图6-25）为前沟牙类剧毒蛇，长1.5～2m，躯干略呈圆筒形，体细长，后端及尾侧扁，背部深灰色，腹部黄色或橄榄色，全身具有黑色环带55～80个。其生活在海洋中，善游泳，捕食鱼类，卵胎生，分布于中国辽宁、江苏、浙江、福建、广东、广西和台湾的近海。

图6-25　青环海蛇

（14）灰腹绿锦蛇

灰腹绿锦蛇（图6-26）为游蛇科锦蛇属的爬行动物，是无毒蛇，全长约1m，体尾均较细长，尾长占全长的五分之二，通身背面翠绿色，腹面淡黄色，眼后有一条黑色纵纹。其分布于印度、越南，以及中国的浙江、安徽、福建、河南、广东、广西、四川、贵州等地，生活习性为树栖。

图6-26　灰腹绿锦蛇

（15）黑头剑蛇

黑头剑蛇（图6-27）为游蛇科剑蛇属的爬行动物，俗名黑头蛇，分布在越南、老挝，以及中国的广东、浙江、安徽、福建、湖南、海南、四川、贵州、云南、陕西、甘肃等地，一般生活于海拔150～2000m的山区，常见于石洞、树丛下。其主要捕食小型蜥蜴（草蜥、石龙子）、小型蛇类（草腹链蛇、绣腹链蛇、翠青蛇），幼蛇食物不明。

图6-27　黑头剑蛇

（16）丽纹蛇

丽纹蛇（图6-28）为眼镜蛇科丽纹蛇属的爬行动物，俗称为环纹赤蛇。分布于印度、尼泊尔、缅甸、老挝、越南，以及中国的江苏、浙江、安徽、福建、台湾、江西、湖南、海南、广东、广西、四川、重庆、贵州、云南、西藏、甘肃等地，一般生活于山区森林或平地丘陵。

图6-28　丽纹蛇

（17）繁花林蛇

繁花林蛇（图6-29）为游蛇科林蛇属的爬行动物，俗名繁花蛇、金钱豹，分布在印度、印度尼西亚，以及中国的浙江、福建、江西、湖南、广东、香港、海南、广西、贵州、云南等地，常生活于山麓、平原或丘陵中林木丰富的地区。该蛇有攀爬习性，捕食鸟、树栖蜥蜴。

图6-29　繁花林蛇

（18）紫沙蛇

紫沙蛇（图6-30）为游蛇科紫沙蛇属的爬行动物，俗名茶斑大头蛇、懒蛇、褐山蛇。分布于尼泊尔、印度、缅甸、老挝、越南、印度尼西亚、菲律宾，以及中国的福建、台湾、江西、湖南、广东、香港、海南、广西、贵州、云南、西藏等地，一般栖息于平原、山麓或低山中的林荫下水草丰茂处。该蛇动作灵活，昼夜都能活动，能爬树、捕食蛙及蜥蜴等。

图6-30　紫沙蛇

（19）中国小头蛇

中国小头蛇（图6-31）俗称秤杆蛇，为游蛇科小头蛇属，无毒，体长约0.5m，山区和平原均有分布，产于江苏、安徽、浙江、江西、福建、河南、湖南、广东、海南、广西、贵州、云南等省区。该蛇已被列入《国家保护的有益的或者有重要经济、科学研究价值的陆生野生动物名录》。

图6-31　中国小头蛇

（20）银环蛇

银环蛇（图6-32）别称过基峡、白节黑、金钱白花蛇等，毒性极强，为陆地第四大毒蛇。其昼伏夜出，尤其闷热天气的夜晚出现更多，但也见有初夏气温15～20℃天气晴朗时，在白天出来晒太阳。该蛇性情较温和，一般很少主动咬人，但在产卵孵化，或有惊动时也会突然袭击咬人。该蛇捕食泥鳅、鳝鱼和蛙类，也吃各种鱼类、鼠类、蜥蜴和其他蛇类。

图6-32　银环蛇

（21）细白环蛇

细白环蛇（图6-33）为游蛇科白环蛇属的爬行动物，主要分布于越南、老挝、泰国、柬埔寨、马来西亚、印度尼西亚、菲律宾，以及中国的广东、广西、海南、福建等地，一般生活于平原或山地。其主要捕食蜥蜴、壁虎。

图6-33　细白环蛇

（22）坡普腹链蛇

坡普腹链蛇（图6-34）为腹链蛇属，在中国主要分布于湖南、广东、海南、广西、贵州、云南等地，常栖息于低海拔山区流溪或其他水体，其生存的海拔范围为281～920m。该蛇已被列入《国家保护的有益的或者有重要经济、科学研究价值的陆生野生动物名录》。

图6-34　坡普腹链蛇

（23）白唇（赤尾）竹叶青

白唇竹叶青（图6-35）头部呈三角形，颈细，形似烙铁，头顶具有细鳞，吻侧有颊窝，上颌仅有管牙，有剧毒，体背鲜绿色，有不明显的黑横带，腹部黄白色，体最外侧自颈部至尾部有一条白纹，上唇黄白色，鼻间鳞大，鼻鳞与颊窝间一般无鳞片。其主要分布于东亚及东南亚的中南半岛。

图6-35　白唇（赤尾）竹叶青

（24）灰鼠蛇

灰鼠蛇（图6-36）是游蛇科鼠蛇属的一种无毒蛇，行动敏捷，性情温顺，一般不主动袭击人，别名黄梢蛇、索蛇、过树蛇、过树龙等，在被捉住时具有断尾逃逸的习性，广泛分布于印度、泰国和印度尼西亚等国。该蛇在中国见于华南诸省（包括香港和台湾）。

图6-36　灰鼠蛇

（25）中国水蛇

中国水蛇（图6-37）为蛇亚目游蛇科水蛇属的爬行动物，俗名泥蛇。该蛇一般生活于平原、丘陵或山麓的流溪、池塘、水田或水渠内，其生存的海拔上限为320m左右，多于黄昏和夜间活动，以鱼类和两栖类为主食，为国家"三有"（有益、有重要经济价值和科学研究价值）保护动物，同时也是湖南省的重点保护动物，不允许贩卖或食用。

图6-37　中国水蛇

（26）小头海蛇

小头海蛇（图6-38）为眼镜蛇科海蛇属的爬行动物，在中国分布于福建、广东、海南、广西沿海等地，多栖息在浅海海域。该蛇已被列入《国家保护的有益的或者有重要经济、科学研究价值的陆生野生动物名录》。

图6-38　小头海蛇

（27）环纹海蛇

环纹海蛇是一种有剧毒的蛇类，为眼镜蛇科海蛇属的爬行动物，分布于印度、缅甸沿海，泰国湾，菲律宾、印度尼西亚、新几内亚沿海，以及中国的广西、广东、海南、福建沿海等地。该蛇已被列入《国家保护的有益的或者有重要经济、科学研究价值的陆生野生动物名录》。

图6-39　环纹海蛇

七、常见伤员转移技术

伤员转移是救援行动的最后一项工作，也是关键的一项工作，直接关系到伤员的存亡和进一步治疗与康复的效果，救援人员应给予足够的重视。

（一）担架转移

担架转移是最安全和最常用的伤员转移方法。基于伤员的伤情需要，担架的种类很多，有折叠式担架、板式担架、铲式担架、篮式担架、藤条担架和脊柱板等，现介绍常用的几种典型救援担架。

1.折叠式担架

这类担架是最普通的担架，现场容易临时制作、便于携带，有时还可作为病床用。这类担架仅适用于在地形平坦的环境下平移伤员。

2.板式担架

顾名思义，板式担架是板状的，担架体为刚性，其主要优点有：

① 对伤员背部具有保护作用；

② 有许多把柄（手抓孔），有利于用绳索固定伤员和搬运；

③ 成本低；

④ 适用于伤员转移和某些技术救援；

⑤ 该担架除在平坦的地面上平移外，有时候也可用于垂直运输伤员；

⑥ 该担架的脚蹬有利于防止伤员在担架垂直或倾斜时下滑。

注：如果担架重心较高，特别是采用两点悬挂法向下滑降时易引起担架倾覆。

3.篮式担架

早期型为管状铝框架结构外包金属网，而现代型为塑料、玻璃纤维或铝成型篮包在管状铝框架上，现代型与早期型相比具有不易被绊住或穿透的优点。现代型篮式担架可作为铲形担架或脊柱板使用，方便转移脊柱损伤的伤员。篮式担架舒适、轻便，可为伤员提供较好的保护，是满足技术救援要求的理想担架，缺点是价格比其他类型的担架贵。

4.包裹式担架

包裹式担架有井下救援用的藤条式担架和真空担架，这两种担架在样式和结构上会有不同，但均具有可塑性、体积小、可与伤员身体紧密接触的特点。包裹式担架适用于在狭小空间或受限制的环境中运送伤员。缺点是成本较高，使用和监控较麻烦。

（二）伤员固定技术

担架是转移伤员的重要工具之一，将伤员放置并稳固绑定在担架上对保障安全搬运和转移伤员具有重要意义。

1.伤员上担架

将伤员移放在担架上之前，应在担架上铺一张毛毯，用毛毯包裹伤员以增加舒适性，保持伤员体温，并在很大程度上对受伤部位起到一定的固定作用。也可用棉被或被单代替毛毯。所有用担架转移的伤员均应采用毛毯包裹。

① 将毛毯对角打开置于担架上，让毛毯的一条对角线位于担架中心线上，毛毯的两个角分别超出担架顶、底150 mm左右。

② 在尽可能不改变伤员体位的情况下，将伤员平移到担架上。通常伤员上担架需要4名救援人员操作，其中1人指挥，其余3人单膝跪在伤员一侧（伤员背朝下平躺），救援人员的膝部紧贴伤员身体，并将手和手臂置于伤员身下，通常位于伤员的肩部、小背部、大腿、膝部和小腿处。

③ 指挥员跪在伤员头部前面，两手固定伤员的脖子。

④ 指挥员下达准备指令"准备抬起"，在统一指令下4人一起将伤员抬起。如有必要，可将伤员放在救援人员的膝上缓冲一下，然后将伤员置于担架正上方。

⑤ 最后指挥员下达"放下伤员"的指令，4人一起将伤员轻轻地放在担架上。

2.伤员固定

在转移伤员过程中，尤其是从高处向下或在崎岖不平的地面上运送的过程中，为避免伤员从担架上滑落或受到其他伤害，必须将伤员捆绑固定在担架上。捆绑伤员的绳索宜采用合成纤维绳或合成纤维带，捆绑部位通常为伤员的头部（与担架顶平齐）、四肢和躯干。

（1）折叠担架捆绑法

① 仰卧捆绑方法。

a.首先采用直径11mm或12mm，长12m的捆绑绳在折叠担架一端（伤员头部处）的一个把手上系一个"8"字形绳结。

b.从该点开始绕伤员和担架分别系3个易解开的绳套，第一个绳套位于伤员胸部，第二个绳套位于伤员手腕附近，第三个绳套刚好位于伤员膝盖上。

c.最后绕脚部两圈，再按顺序穿绕伤员另一侧已经形成的三个绳套并回到该侧的把手上。

d.在担架把手上系两个活绳扣。

上述三个活绳套的位置可根据伤员的受伤部位而改变。

② 侧卧或防御姿势捆绑方法。

该方法与仰卧捆绑方法不同，中间（第二个）绳套位于臀部以下，以防止伤员向下移动。将绕脚的绳套改为绕担架底端两侧把手，系活的绳结。

（2）板式担架捆绑方法

a.采用 12m 长的救援绳或攀登带，穿过板式担架头部一侧的把手或洞后，系"8"字形绳结。

b.然后再将该绳从板式担架下穿上来，绕过伤员胸部（稍松）在另一侧的把手上系一绳结后，再向下至另一捆绑部位。

c.采用同样方法分别经过伤员的手腕和膝盖系绳结。

d.将绳索继续向下绕脚部一圈后，在担架上面折回到另一侧，先后在担架把手的各捆绑点系绳结。

e.绳子回到捆绑起始点对面的把手上系两个活绳结完成捆绑。一些板式担架下边有穿绳子的滑道，此时绳索应尽量在担架下面的滑道内通过，能防止绳子被地面或建筑物边角划伤。

（3）篮式担架捆绑方法。

① 有安全带的篮式担架捆绑方法。有些篮式担架配备具有带扣或快速夹扣的安全带，应采用安全带与捆绑绳共同将伤员捆绑在篮式担架上。当伤员体形较小，其身体与担架两边有较大距离时，为防止伤员从捆绑带中滑出，在捆绑带固定前，可用毯子、衣服或枕头等将伤员和担架边之间的间隙填充，使伤员和担架成为一个整体。

注：捆绑伤员时，其头和脖子必须始终受到支撑。

② 无安全带的篮式担架安全捆绑方法。采用长 12m，直径 11mm 的安全绳（或带）将伤员捆绑在篮式担架上。捆绑形式视伤员伤害部位、程度和担架将移动的路径情况而定。

a.将捆绑绳在中间对折后系在担架一端的一个把手上，从伤员下肢向上呈十字交叉式捆绑，最后在伤员肩部附近绕担架把手两圈半系住。

b.若篮式担架没有脚踏板，捆绑时应当对伤员的脚采取绳索固定等措施，以防其从担架上滑下。

c.欲将伤员以垂直体位状态移动时，必须对伤员的头部予以防护，如将伤员头部用软材料包住，并用一条长绷带绕过伤员的头（不能在眼睛上）系在担架两边的把手上，同时还需对伤员实施临时固定。

（三）搬运伤员（4或6名救援人员）技术

1.担架搬运

① 在地形复杂、地势陡峭的环境搬运伤员时，应尽量采用担架搬运。担架搬运时，伤员的头部与担架前进方向相反，足部朝前，以便于抬担架者随时观察伤员的情况。

② 抬担架的人脚步要协调，前者迈左脚，后者迈右脚，平稳前进。

③ 上坡时（过桥、上梯），前面要放低，后面要抬高，下坡时则相反，使担架始终保持在水平状态。

2.特殊环境搬运伤员

（1）瓦砾堆上的担架搬运

在瓦砾堆上搬运伤员时，应尽可能采用担架搬运。担架应始终处于水平或伤员头部稍高一点的状态。

① 如有可能，抬担架时最好担架两侧各3名救援人员。

② 救援人员站在各自位置上握住担架把手，当全部准备就绪后，由其中一人负责发布抬起口令，6人（或4人）同时将担架抬起到救援人员腰部的高度。

③ 担架抬起并在所有抬担架者准备就绪后，负责人下达行走口令，协调行进。

（2）狭小空间的担架搬运

在狭小空间，如果空间有足够的高度和宽度，并且伤员已经被捆绑在担架上了，可直接将伤员运出；在空间高度、宽度不够的情况下，应按如下方法移动：

① 首先将伤员的小腿弯曲成直角，然后将担架的底部紧贴地面，

并将担架的头部尽可能抬高（担架呈陡角倾斜或近似直立状态）。

②如果条件允许最好采用体积小的特殊担架，如采用包裹式担架，将伤员抬出。

（四）山地救援中的急救包配置

山地救援急救包是一种消防救援队伍用于救治受伤人员的制式卫生装备，是将救援时自救互救的药品、器材组装配套，放在专门设计的包、箱内，主要用于平时山地救援时急救。常见的山地救援急救包（医疗箱）配备情况如表6-3所示。

表6-3　消防救援医疗箱WJ-X-J01配置清单

序号	产品名称	规格	单位	数量
1	铝合金急救箱	38cm×22cm×24cm	只	1
2	口对口呼吸面膜	单向阀	只	1
3	血压表	表式	块	1
4	听诊器	双用	套	1
5	医用剪刀	金属	把	1
6	敷料镊	塑料	支	1
7	体温计	水银	支	1
8	急救毯	140cm×210cm	包	1
9	止血带	卡扣式	条	1
10	纱布绷带	6cm×600cm	卷	4
11	弹性绷带	7.5cm×450cm	卷	2
12	灭菌创可贴	防水型	片	20
13	灭菌纱布片	7.5cm×7.5cm×8层	片	6
14	烧伤敷料	60cm×80cm	包	4
15	医用棉签	50支/袋	袋	2
16	医用胶带	1.25cm×910cm	卷	1
17	笔式手电筒	配电池	支	1
18	灭菌检查手套	乳胶	副	1

序号	产品名称	规格	单位	数量
19	医用口罩	无纺布	个	1
20	医用酒精棉球	75%医用酒精	袋	5
21	碘酊	20ml	瓶	1
22	冰袋	130g	袋	1
23	云南白药喷剂	60ml	瓶	1
24	烫伤膏	25g	支	1

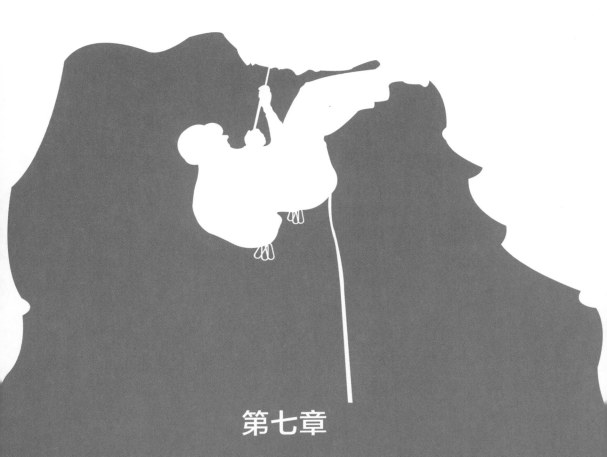

第七章

山地救援中的求生技能

　　山地救援任务中，救援队员通常面临着搜索范围广、地形险峻、天气变化等复杂因素，容易发生走丢或者掉队的情况。另外当救援队员找到被困人员后，在等待大部队支援之前，也需要采取适当的求生措施，保障被困人员和自身的安全。山地救援任务重，危险因素多，救援队员掌握必要的山地求生技能，不仅能提升救援队员应对山地救援任务复杂多变情况的能力，更是救援队员山地作战安全的重要保障。

一、工程定位导航与发送信号

当救援队员走失后，首先需要清楚自身的位置，明确方向，并通过自身携带的装备，或者借助自然环境发送求救信号。

（一）利用太阳和手表判断方向

我国地处北半球，正午时分太阳升至最高点时偏向南边，而在南半球，太阳升到最高点则偏向北边。利用太阳确定方向时，可以分阶段标记，根据脚下影子的移动方向，判断所处位置属于南半球还是北半球。南半球影子是沿逆时针方向移动，北半球是按顺时针移动。

然后，救援队员可以利用"日影定向法"或者"手表定向法"确定方向。使用这两种方法判断方位在求生过程中非常有效，唯一的要求就是天上要有太阳。

1. 日影定向法

首先将木棍或者树枝垂直插在地面上，在其影子的末端做上记号，过10～20min后，等影子末端移动一段距离时再次标记，连接两个记号的直线所指示的即为大致的东西方向，在这条直线上垂直画一条直线即指示南北方向。利用这个办法，不仅能够确认方向，还能用来确定大概的时间。

2. 手表定向法

若处于北半球，则将时针指向太阳，此时时针与12点钟之间的中间线指向南方；若是在南半球，则应将12点钟的位置对准太阳，此时时针与12点钟之间的中间线指向北方。

这两种定向方法识别准确，能够很大程度上帮助求生者制定求生线路，唯一的不足之处就在于只有天上的太阳清晰可见的时候才能使用，因此求生者还应掌握其他一些不依赖太阳的定向方法。

（二）利用"星辰定向法"辨别方向

除了太阳，天空中的星辰也能帮助我们辨别方向，但是利用星辰与利用太阳一样，受天气的制约比较严重。最常见的是利用北极星、北斗星、南十字座、猎户座等进行辨别。

① 北极星：北极星属于小熊星座，是北方天空最显眼的恒星，从地球上看，它的位置几乎不变，因此可以用来辨别方向。

② 北斗星：北斗星是大熊星座中排成勺形的7颗星，北斗星在不同的季节和夜晚不同的时间，出现于天空不同的方位，但是末端两颗星始终指向北极星，可以用来帮助寻找北极星。

③ 南十字座：南半球天空中的南十字座由4颗主要亮星组成，将4颗星所形成的"十字"较长的一臂向下延伸约4倍，所指的位置就是南天极，南天极垂直向下即为地面上的正南方。

④ 猎户座：猎户座位于赤道上方，在南、北半球都能看到，无论是地球上的任何位置，都能看到猎户座从东方升起，由西方落下。

月亮也可以用来指示方向。我们知道，月亮本身是不会发光的，它是靠反射太阳的光线发光。如果在太阳落下之前就能看到月亮，此时月亮被照亮的一侧是西方；如果月亮是在太阳落下之后才升起的，那么被照亮的一侧是东方。在同一天内，月亮出来后位置随时间逐渐偏西。

利用月亮辨别方向需要长时间观察并积累经验，因此并不建议普通求生者选择这种方法。

（三）利用自然物辨别方向

能够指示方向的自然物一定要谨慎使用并且反复确认。如果因为天气的原因，求生者无法看到日月星辰，那可以通过自然中的其他动植物来指示方向。许多动植物的生长特性、生活习性都与太阳息息相关，因此，求生者可以借助这些特点判断方向。

① 树木：正常情况下，树木向阳的一侧枝叶更加茂密。北半球茂密的一侧为南方，南半球则为北方。

② 针叶树木、柳树：这类树木通常会向朝阳的一侧倾斜。

③ 树干的截面：树木的年轮也与方向息息相关，向阳一侧的年轮纹路比较稀疏，年轮之间的间距较宽。

④ 苔藓：苔藓植物喜欢阴暗潮湿的环境，一般生长在裸露的石壁、树木的背阴面。

⑤ 树皮：一般树皮的向阳面较光滑，背阴面比较粗糙，有的树在其北面树皮上有许多裂纹及疙瘩，这种现象在白桦树上尤为明显。

⑥ 鸟巢：鸟类通常会选择在树木的背风处筑巢，求生者可以通过盛行风的风向辨别方向。

⑦ 松柏类及杉树：这类树木的树干上流出的胶脂也可以帮助辨别方向，通常向阳面要比背阴面流出得更多并且容易结成较大的块。

⑧ 植物果实：许多果树向阳面结果较多，尤其以苹果、红枣、柿子、柑橘等最为明显，果实成熟的时候也是向阳一面更先变色。

利用各种自然特征判断方向，无法像日月星辰那么准确，因此一定要谨慎使用并且反复确认。

（四）无线电设备、信号弹是最为有效的求救装置

救援队员身上应该备好相应的求救装置，以备不时之需。在各种求救装置中，无线电设备、信号弹是最受欢迎也是最为有效的。通常求生者可以根据自己的条件，选择以下几种装置，用来发送求救信号。

① 无线电收发器：能够传送、接收信号或者声音。如果求生者手上有一台无线电收发器或者其他无线电设备，并且能够和外界联系的话，获得救援将非常容易。

② 手持信号弹：日用的信号弹会产生颜色鲜艳的烟雾，夜用的信号弹则会发出强烈的光亮，从很远处就能看到。

③ 手持发射信号弹：一种可以发射出去的手持信号弹，能够克服求生者所处地形或者天气的限制，更为有效地发出信号。

④ 曳光弹：一种尾部装有能发光的化学药剂的炮弹或枪弹，发射后发出红、黄或白色的光，因此也可以用来发送求救信号。

⑤ 海水染色剂：如果被困在海上的话，可以在白天使用海水染色剂来标识自己的位置。除非波涛汹涌，染色区域在3个小时之内都会非常明显。染色剂还可用于雪地，用它渲染求救代码字母也非常有效。

⑥ 哨子：在短距离求救时，哨子是一种非常实用并且行之有效的

求救装置。

⑦ 手电筒：利用手电筒或者其他发光装置制造闪光，是许多求生者最常用的求救方式之一。

（五）利用浓烟和火光发送求救信号

① 浓烟信号：浓烟在白天十分醒目，从很远的距离都能看到，因此，求生者在白天可以选择比较开阔的地带引燃各种可燃物发出求救信号。选择可燃物时，最好参考当地的地形背景，尽量发出更为显眼的浓烟，比如燃烧青嫩的树枝、树叶、苔藓等会产生白烟，而燃烧橡胶或者浸油的布料产生的是黑烟。

② 火光信号：明亮的火光在夜间十分显眼，可以有效地发出求救信号。求生者可以在夜间搭建火堆，以此吸引救援人员的注意。如果比较紧急，也可以直接点燃树木。树脂含量比较高的树木可以直接点燃，其他树木中湿气很重，需要借助干燥的树枝枯草才能引燃。需要注意：为了避免引起森林大火，一定要选择和其他树木植物之间有相当距离的树，否则一旦刮起大风，很容易引燃周围的树木，酿成巨大的灾难。

二、搭建庇身所

当救援队员在山地走失后，需要注意保暖问题。在山地中，因为海拔较高，常常温度较低，如果叠加季节、天气等情况的变化，则救援队员很容易出现失温、冻伤等损伤。因此，救援队员需要因地制宜，搭建庇身所，保护自己。

在选择庇身所的时候主要考虑到以下几个因素。

① 风：在温暖的地区最好选择能够通风的地点，但是要避免将庇身所搭建在风口，大风可能会摧毁辛苦搭建的庇身所；在寒冷的地区则要选择不易吹到风的地点，以免因为风寒效应导致人体热量过快散发。

② 雨雪冰雹：避开主要的排水通道或者容易暴发洪水、泥石流、雪崩的地点。

③ 昆虫：在湿热的地带，选择有微风吹过的地方可以减少昆虫的骚扰，在湖边、池塘边等水边，蚊子、蜜蜂等很多。

④ 树：如果在树下搭建庇身所，要注意树上是否有蜜蜂窝或者马蜂窝，还要注意这棵树是否容易掉落枯枝。

（一）选择天然庇身所

如果救援队员身边没有适合用来搭建庇身所的材料，可以充分利用所在地的自然环境，比如突出的岩石或者崖口，以及具有坡度的山地等。

如果所在的地区比较空旷的话，可以背风而坐并将随身的装备堆积在背后挡风。以下的一些场所在求生的时候都可以充分利用：

① 垂到地上或者部分已经折断的灌木丛或者树木枝条，在旁边可以堆积一些断枝加强遮蔽的效果；

② 可以在自然形成的凹地中避风，不过要避免下雨的时候水流进凹地中，最好在凹地上方盖上树枝、树叶等当作顶棚；

③ 利用倒下的树干等也可以轻松搭建简易的庇身所，只要将树枝等斜搭在上面即可；

④ 充分利用大块岩石，在岩石上斜搭树枝等也能搭建庇身所；

⑤ 洞穴是极佳的庇身所，可以在洞口用石块、树枝等堆积起来防风。

（二）自行搭建庇身所

如果实在找不到天然的庇身所，救援队员就必须自行搭建。

通常救援队员可以利用树木的树干、枝叶等自行搭建庇身所，用比较粗的树干作为支撑，较细的则斜靠在主干上，上面再覆盖一些枝叶，就成了一个临时的庇身所。

1. 树围庇身所

搭建这种庇身所的时候，首先要选择一棵枝叶繁茂的大树，围绕大树周围挖坑，然后再砍一些粗细不同的树枝覆盖在坑上当作棚顶，坑洞底部和周围的坑壁也可以铺设树枝、树叶，提高保暖效果。

2. A字棚

这种庇身所搭建起来很简单，所需的时间和精力也比较少。所需的材料如下：一根长约3m的树干作为横梁，将树干上的树枝、树杈全部削除；两根1～2m长的硬木作为A字棚的脚架；可以用来覆盖的树枝、树叶等；用来捆绑的绳子。

首先要将两根作为脚架的木头相互斜倚，用绳子固定好，将横梁的一端置于脚架上并用方回结固定，另一端斜插在地面上，可以事先挖好凹坑或者用石头固定。

搭建好棚架以后，可以用防水布或者枝叶作为棚顶材料。如果用枝叶覆盖的话，要从底部开始逐层堆放，像给房顶铺瓦一样。这种方法有助于下雨的时候排水。在棚顶加铺一层土可以增加保暖性能。另外，可以挑选较大的树枝或者用背包等装备挡在入口处当作门板，挡住从入口处吹来的风。

3. 高架平台式庇身所

这类庇身所形态各异。如果周围有现成的树木，可以充分利用，在几棵树之间用比较粗的长木或者竹子等连接起来，用绳子将其扎紧，构成平台的横梁，然后在上面铺上稍细一些的树枝等，就制成了简易的高架平台。

若是周围没有可以借用的树木，就只能自己动手搭建了。首先要用一些长木或者竹子等捆扎成一个简单的台架，然后在台架的中下部位搭建作为床铺的平台。

4. 庇身所搭建的注意事项

选择合适的地点搭建庇身所非常重要，如果误选了不适合的地点，很可能会前功尽弃，白白浪费了宝贵的时间和精力。

天气是考虑搭建位置和类型的重要因素，比如在严寒地区中，地势比较低的地方气温更低，这种地形受风寒效应影响比较严重。因为这个原因，山谷的谷底温度也会比周围更低一些。考虑到这点，在气温比较低的地带，尽量选择可以晒到太阳的地方，在搭建时记得选择能够隔绝冷空气的材料。

在沙漠中搭建的庇身所必须要兼具通阳和御寒两种功能，因为沙漠地区昼夜温差很大。在搭建庇身所的时候还要考虑到以下几个因素：

① 在山林中搭建庇身所的时候，务必要与地面保持一定的距离，尽量选在小山或者空旷地带的高处，并且远离死水潭的地方。干燥空旷的地方不仅昆虫比较少，也更容易发送求救信号。

② 搭建庇身所之前，首先要彻底清理该处的地面，包括低矮的灌木丛以及枯枝、枯叶，这样一旦有蛇虫靠近，更容易发现。

③ 搭建好庇身所以后还需要用竹子或者藤蔓等将其覆盖，既能隔绝蚊虫，也可避免床铺被晚上的露水打湿。

④ 如果身处沼泽地区，搭建庇身所的难度更大，因此在白天活动的过程中就要注意是否有正好能够连成四边形的树，利用已有的树木搭建凌空的床铺。当然，前提是这几棵树足够粗壮，足以负担你的重量。

⑤ 在搭建的时候，要注意树干上的水位痕迹，避免夜间水位上涨淹没辛苦搭建好的庇身所。

三、生火方法

火在山地求生中具有重要的作用，当救援队员掉队走失后，通过生火，能够取暖、发送求救信号、烹煮食物等。

（一）生火的基本说明

生火所需要的材料可以分为三类：火种、引火工具和燃料。

火种的材料并没有什么限制，只要其燃点比较低，容易被引燃即可。干燥的细纤维是一种非常适合作为火种的材料，一些树木或者灌木的树皮、干枯的杂草、锯木屑、鸟巢的内壁、棉花球、纱布、纸张等都可以制作火种。

在山地自救时，要养成随时携带火种的习惯，并将其放在防水的容器中。

引火工具要配合火种使用,细小的枯枝、松柏的针叶、浸过油脂的木头等易燃物是比较常见的引火工具。

理想的燃料是干燥的树枝、木条等木柴。如果有刀、斧等工具的话,可以将倒下的树干等劈开,细小的木柴更容易燃烧。湿的木柴也可以当作燃料使用,不过在燃烧的过程中会产生浓烟。根据这个特点,燃烧湿木柴发出求救信号是野外求生时常用的方法。如果没有木柴的话,枯草、树叶、干燥的动物粪便也可以当作燃料使用。

救援队员自己制作一个专门用来生火的钻火板在野外实用性很高。用干燥的树枝当作引火工具,在事先刻好凹槽的木板上来回用力推动,引燃木板上的火种,就能轻松生火。这种方法对求生者生火的技巧要求很高,要把握好要领,并加以持久的耐心,才能成功。

（二）生火地点的选择

生火之前,首先要选择好合适的生火地点。在选择生火地点的时候,需要考虑能否充分发挥出火堆的取暖、防卫、炊煮的作用,同时要考虑到安全性。

如果要在遍布沼泽的地方生火,应该搭建高架式火堆。先用几根木桩搭建一个简易平台,即在木桩的交叉处放置过梁,然后在木制的平台上铺上石板以与下方潮湿的环境隔绝。

有条件的话可以在火堆周围用木头或者石块打造反射墙。这样除了能够将热量引导反射到需要的位置,还能挡住外部吹向火堆的风。如果将热量导向睡觉的位置,能够在晚上起到很好的保暖效果。

不要直接在大块岩石边生火,最好离岩石有一段距离,此时岩石可以作为反射墙使用,岩石旁边的位置温度会比较高。要是觉得还不够的话,可以在岩石的对面再搭建反射墙,将另一个方向的热量也引导过来,以便利用岩石反射、吸收、散发的热量,帮助求生者更好地取暖。

火堆要离周围的树木、草丛等至少2m,否则可能会引发森林火灾!

（三）生火的方法

1.利用打火石生火

打火石是一种人造合金，其中含有两种特别的金属：铈与镧。这两种金属化学性质非常活跃，因此非常适合用来生火。使用的时候，可以分别手持打火石与铁片等硬物，用力敲击，令火星落在准备好的火种上，然后轻轻吹气或者扇风引燃火种即可。

2.利用电池生火

如果有电池的话，也可以用电池来生火。取两条有绝缘塑料的金属线，一条接在电池正极，另一条接在负极，然后将两条金属线未接电池的一端相互碰触，利用电池短路产生的热量引燃火种。成功点火后记得要将电池远离火堆。

3.利用凸透镜生火

我们都知道凸透镜可以聚光，其焦点处也会因此而升温。如果是天气晴朗的夏日，使用凸透镜能够轻松点燃枯草、树枝等易燃物。可以当作凸透镜使用的东西很多，比如放大镜、相机镜头、一些手电筒的透镜以及瓶底的凸面玻璃。

4.利用手电筒反光罩生火

用手电筒的反光罩生火的原理与凸透镜相似，也是将光和热聚集在一点上实现升温的效果。将易燃的火种放在反光罩上，集中太阳光等强烈的光线，持续升温以后就可以将其点燃。

5.利用钻木生火

钻木取火利用的是摩擦生热的原理，木头的纹路比较粗糙，摩擦的时候会产生大量热量，可以用来引燃火种。

首先，要挑选一根硬木棒，将其折断为 30 ～ 45cm 长，并将其中一头磨圆，这一步非常重要。然后，找一块合适的木块或者木板，将木板横放在地上，踩在木板一端将其固定，用木棒圆的那头在木板一角处用力钻，待钻出一个小凹陷后停下。接着在凹陷处继续用力钻，这个过程中不要停顿。当木棒快把木板钻通时，如无意外，会看到有许多钻出来的木屑冒着烟掉落。小心收集这些木屑，把它聚成团，轻轻吹气，会有一些小火星冒出。然后把木屑放入球状干草团等易燃物中，轻轻吹气，干草就会燃起来。此时，将燃烧的干草作为火种引燃其他燃料即可。这一过程非常耗时耗力，而且需要相当的技术才能完成，因此在钻木的过程中要保持稳定并且不能中断，否则会前功尽弃。钻木取火是一种非常古老且原始的方法，但是由于它所需要的材料都可以在大自然中找到，几乎不需要其他额外的工具，因此是求生者必须掌握的一门技巧。

（四）山地生火的注意事项

救援队员在山地进行生火时，需要注意以下事项。

① 不将火柴浪费在点烟或者其他用途上，而是把柴堆好以后直接用火柴点燃。

② 将干燥的火种放置在防水的容器中随身携带。

③ 在极地等严寒环境中，要先搭建好生火的平台才能开始生火，避免火堆陷入雪中而熄灭。

④ 在地面遍布枯死植物或者泥炭的地方生火时也要搭建平台，避免火势蔓延，泥炭地带一旦起火，常常会燃烧数月甚至数年之久。

⑤ 在森林中生火的时候要先将火堆周围的草木等全部清理干净，防止引起森林大火。

⑥ 有大风时要在火堆周围建造挡风墙，一般常用的材料是石块、木材等。

（五）山地携带火种

除了各种基本的求生技能，救援队员还应该懂得利用手中现有的一些材料制作简单的火种容器，这样在需要生火的时候就能直接派上用场，而无须再次制造火种。以下两种方法是非常常见的携火方法。

1.携火罐

在几块带有余火的木炭周围裹上干燥的木屑、干草等可以当作火种的易燃材料，接着用潮湿的草或者树叶将其包住，一起放入钻有通气孔的金属罐子中。如果没有金属罐子的话，潮湿的树皮也可以。

2.携火管

取一长段潮湿的树皮，在其中央铺上木屑、干草等火种材料，将树皮卷成管状牢牢固定，然后把带有余火的木炭放在树皮管末端，令其慢慢燃烧。在携带的过程中，注意每隔一段时间要给携火管通风，如果燃烧过于旺盛，可以将携火管放在地上用脚踩，避免燃烧速度太快。

还有一些其他的携火方法，比如可以携带燃烧中的木柴，在行动过程中持续挥舞，保证火不会熄灭。也可以用潮湿的树叶包住一块燃烧的木炭带走。

四、获取食物

救援队员掉队后，随身携带的食物容易消耗殆尽，在进行必要的能量补充时，山地中的植物是一个不错的选择。许多野生植物都可以为人体提供必需的营养物质，加上植物的获取比打猎容易，因此在求生时是非常重要的食物来源。挑选其中能够食用的部分是求生必备的技能。有的植物可以完全食用，有的则只有部分可以食用。

（一）山地中可食用的植物

叶子可食的植物是野外求生时最易获得的。蒲公英、柳叶菜、山蓼等植物是比较常见的。有的植物不仅叶子可以食用，树芯或者茎也可以食用，比如藤类植物、甘蔗等。许多植物的花朵也可以用来食用，比如野蔷薇、辣根、丝瓜等。

植物的果实是最为珍贵的，野外有许多野生的水果可以食用，比如野木瓜、山葡萄、酸枣、拐枣等。

谷类植物和其他草类的种子是很好的植物蛋白来源，可以将其磨碎以后加水煮粥。比较常见的谷粒或者种子可食的植物包括稻子、谷子、水椰、马齿苋、罗望子等。

坚果也能为求生者提供丰富的蛋白质，大部分坚果可以直接生吃。能够食用的坚果包括杏仁、菱角、松果、腰果、榛果、胡桃、橡子等。不过像橡子之类的坚果最好还是煮熟以后再吃，多次换水煮熟能够去除其中的苦味。

在食用植物的果实之前可以留心附近的鸟类，任何鸟能吃的果实人都可食用。可食用的果实多数可生食，多汁的果实最好煮食，大个、坚韧的或硬皮的果实最好焙熟或烤熟。

（二）谨慎食用菌类

采食菌类的时候需要十分谨慎，有些菌类的毒性甚至可以致命。目前并没有一种能够分辨可食性菌类和有毒菌类的通用方法，只能根据各种菌类的特征加以辨别。

在野外地面上比较常见的可食性菌类有大秃马勃、褐环乳牛肝菌、鸡油菌、蘑菇、草原山蘑、喇叭菌等。生长在树上的可食性菌类有牛舌菌、绣球菌、硫黄多孔菌、宽鳞多孔菌、平菇、蜜环菌等。

菌类如果切开后切面呈黄色则表示含有毒性。常见的几种有毒菌类如黄斑蘑菇、锥鳞白鹅膏菌、毒鹅膏菌、毒蝇伞、豹斑鹅膏菌等。有些菌类有毒，但经过水洗、水煮、晒干或烹调后，毒性会减少或消除。

误食有毒菌类后，应尽快设法排除毒物。除可用温盐水灌肠导泻外，对中毒后不呕吐的人，还要饮用大量稀盐水或用手指按咽喉引起呕吐，用1%的盐水或浓茶水反复洗胃，以免机体继续吸收毒素。

可食性菌类营养价值极高，但千万不要以身试毒，在无法准确判断是否有毒的情况下最好放弃。

五、野外取水

执行山地搜救任务掉队的队员在进行求生的时候，水是存活至关重要的因素。因此，一旦在山地中迷失方向，无法与外界取得联系，实现自我求生时必须要想方设法找到生存所需要的水源。

（一）如何寻找水源

1.动植物踪迹法

在山地环境中，想要找到水源的话，必须依赖各种动植物。它们是水源的导向标，仔细追寻动植物的踪迹，它们能带你找到可能存在的水源。

① 昆虫：寻找蜜蜂与蚂蚁的踪迹，有这类昆虫聚居的地方必然有水。

② 鸟类：鸟类常常会聚集在水边。同时要注意，许多水鸟可以连续飞行数天而不饮水，因此看到水鸟不代表附近一定就有水源。

③ 种类繁多的植物：这样的景观意味着植物赖以生存的水分靠近地表，容易寻找。茂盛的草地往往意味着附近就有水源。

④ 兽类：草食性动物会在黎明和傍晚时分饮水，因此附近存在水源的可能性很大。注意动物的足迹，多半是朝向水边。

其次，还要留意周围的地形地貌，以下几种地理特征往往意味着可能存在水源。

① 在石灰岩或者岩浆岩的地形中常常会出现涌泉，岩浆岩布满孔洞，也可能有水渗出。

② 山谷中沿着谷底的斜坡挖掘可能会发现地下水。

③ 已经干涸的河床往往也会富含地下水，在河道外弯处或者岩石下方挖掘，通常最有可能发现地下水。

2.雨水收集法

求生者如果碰上大雨，务必要把握时机储存雨水。此时就需要制作一些简单的工具集水。

最简单的办法就是将布条缠绕在树干上，在布条末端放置容器接水即可。此时最好将所有能用的容器都用来接水，通过这种方法能够连续不断地将雨水导入到自己的容器中，而且，与池塘或者河流中的水相比，以这种方法获得的水通常可以放心饮用。

利用植物制作简易的集雨水槽也是非常有效的方法之一。可以找到具有弧度的大型树叶，将其制成导引雨水进入容器的槽道。

将大面积的防水布撑开接水，也是比较常用的方法。将防水布四角撑起，用石块压住布面引导水流，在下大雨的时候只需要短短几分钟就能收集到好几升水，因此要在下雨前准备好盛水的容器。

还可以直接在地上挖坑并在坑中铺上塑料布蓄水。这种方法与将防水布撑开接水有异曲同工之妙，能够将较大范围的雨水集中起来，所得到的水能够满足以后较长时间的需要。

挖坑蓄水有几个前提。首先，你要有足够的体力，并且还剩有充足的食物和饮水。其次，你计划短时间内不会离开这里。

在许多地区，一场充足的大雨都是可遇而不可求的，求生者应把握好时机，尽量多地补充水源。不过伴随大雨的往往是低温，因此在收集雨水的同时，应当做好防寒保暖的工作，尤其是在夜晚。

3.植物露水收集法

如果没有找到池塘、河流等水源，在植物比较多的地方收集露水也是很有效的方法。使用吸水性能强的棉布等材料擦抹沾满露水的植物叶子，然后将布片上所沾的露水拧入水桶等容器中即可。

利用塑料袋收集从植物叶子中蒸发的水分也是一种方式。将塑料袋套在植物的枝叶上，然后扎紧塑料袋即可。此时需要注意不能让塑料袋内侧与植物直接接触，否则所蒸发凝结的水分可能被植物再次吸收。因此可以在扎紧塑料袋的一头以后，吹气使塑料袋膨胀，然后再收紧末端。

（二）如何获取饮用水

在找到水源后，不能直接取水饮用，因为山地中的水源通常包含大量的杂质和细菌。因此，求生者需要对水进行加工获得净水。

1.沉积集水法

求生者找到这类水源以后，可以在距离池塘边或者河边 1 ~ 2m 的地方挖掘一个坑洞，让池塘中或者河流中的水慢慢渗透到洞中，这样所获取的水比直接从池塘、河流中取出的水要干净很多。但是，如此得来的水仍然不能直接饮用，还需要对这些水进行过滤才行。

2.自制滤水器

求生者可以自制滤水器：去掉瓶子底部，第一层放小石子，第二层放细沙，第三层放活性炭，第四层放棉花。当水通过过滤层，就完成了过滤净化。

虽然过滤不能从根本上净化水，但是可以去除水中的大部分固体杂质。

经过过滤的水要比直接获取的水干净很多，但是水中的细菌是无法去除的。因此还需要将水煮沸，杀菌消毒以后就能饮用了。

使用净水锭等物品是净化水的简便方式，通常一升水中放一颗即可达到净化效果，缺点是净化后的水碘味很重。另外，更有效的像高锰酸钾等氧化剂，作用时间更短，而且无异味残留，重要的是，这类化学物品具有很强的杀菌能力。

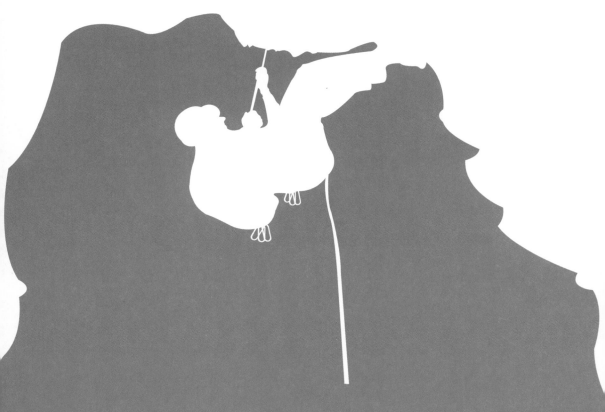

第八章

消防山地救援通信技术

为做好山林应急通信保障工作，规范和加强保障单元建设，进一步提升应急通信保障能力，结合消防救援队伍实际，本章主要介绍山火扑救、泥石流救灾、山地救助等山林作战的应急通信保障。

一、消防山地救援通信特点

① 点多面广。山地灾害事故地点分散，具有不确定性，空间跨度大，机动路途远。救援任务以运动战为主，一般会有多个救援小组同时执行任务。

② 时间跨度长。如山林灾害等一般旷日持久，火势变化较快，应急通信需要做到24小时不间断保障。

③ 突发性强。山地灾害具有时间和地点上的不确定性，无法预先做准备。

二、消防山地救援通信难点

（一）"三断"（断电、断路、断网）极端恶劣条件

很多自然灾害带来的破坏是无法预估的，通常会伴有大范围的停电和道路中断，网络基站也极易被损坏，即使恢复了部分电力、道路和网络，也会因为受灾人数过多，导致"三断"问题无法得到有效解决。

（二）巨灾大难的特殊问题

由于地震、山体滑坡等大型地质灾害通常覆盖范围较广，纯粹通过常规手段和设备来实现通信是很难保证的。在发生重大灾害事故时，进行抗灾救援的单位较多，不同单位的通信网络交织，容易出现信号干扰等问题。此外，各种自然灾害还有对应的特殊影响，如台风等极端气象灾害会导致无人机等机载平台难以升空；重大森林火灾及暴雨会导致卫星通信和定位信号衰减严重；重大洪水灾害和重大地质灾害会导致地面单兵及车载通信部署困难。

（三）次生灾害的挑战升级

受区域地理环境影响，台风、暴雨、洪涝、地震等自然灾害多发频发，影响时间长、范围广，易与其他因素耦合引发衍生事故。如地

震,往往会引发火灾、危险品泄漏、核泄漏、漏电、山体滑坡、堰塞湖、海啸等次生灾害,这些都会加大应急通信保障的难度。

（四）交通不便路途遥远

山林通信区域范围大,路程远,车辆无法到达,需要作战人员翻山越岭,且容易迷路。由于运输不便,后期各种保障也难跟上。

（五）联合作战通信混乱

山林灾害事故现场参战部门多、指挥人员多、指挥节点多、参与人员多、涉及作战面积大、作战任务多,容易造成通信混乱。

三、消防山地救援通信力量构成

（一）保障力量层级

保障力量层级分为保障单元和保障组两级,保障单元由保障组构成。保障单元分为支队级山林应急通信保障单元（以下简称"支队保障单元"）和大队级山林应急通信保障单元（以下简称"大队保障单元"）两个类型。支队保障单元承担山林灾害一线、现场指挥部的应急通信保障任务,可根据任务需要增加或减少设备种类和数量。大队保障单元承担山林灾害第一时间的前突通信保障任务,可根据任务需要增加或减少设备种类和数量。实战中,按战斗任务划分功能组,按作战类别划分作战组,功能组由一个或多个作战组构成。保障单元的力量配置见表8-1、表8-2。

（二）功能组类型

功能组根据保障任务的需求,主要分为信息采集组、通信链路组、现场指挥组和辅助保障组。每个功能组配备相应设备,可独立承担某个方面的通信保障任务,具体的配置参见表8-3。

表 8-1　支队级山林应急通信保障单元力量配置表

单元类型	功能组	作战组	组数	人员总数
支队级山林应急 通信保障单元	信息采集组	视图传输组	1	2
		语音传输组	1	2
	通信链路组	通信链路组	1	3
	现场指挥组	现场调度组	1	2
	辅助保障组	供电保障组	1	1
		运输保障组	1	1
		辅助器材组	1	1
	尖兵通信员		按需	按需
备注	在实际调度中,应根据灾情特点,结合实战需要增减相应作战组数。按实际作战分队情况,每一个进入救援区域的分队,至少配一名尖兵通信员			

表 8-2　大队级山林应急通信保障单元力量配置表

单元类型	功能组	作战组	组数	人员总数
大队级山林应急 通信保障单元	信息采集组	视图传输组	1	2
		语音传输组		
	通信链路组	通信链路组	1	1
	现场指挥组	现场调度组	1	1
	尖兵通信员		按需	按需
备注	在实际调度中,应根据灾情特点,结合实战需要增减相应作战组数。按实际作战分队情况,每一个进入扑救区域的分队,至少配一名尖兵通信员			

表 8-3　山林通信保障组力量配置表

组名	设备	数量	功能用途
视图传输组	高清摄像机	1	用于灾害事故现场音视频信息采集,与单兵图传、卫星便携站等设备配套使用
	公网单兵图传	1	公网覆盖环境下,通过单兵背负移动,在灾害事故现场完成音视频信息采集工作,并依托公网实现信息回传

组名	设备	数量	功能用途
视图传输组	专网单兵图传	1	专网覆盖环境下，通过单兵背负移动，在灾害事故现场完成音视频信息采集工作，并依托Mesh专网实现信息回传
	布控球	1	用于灾害事故现场无人值守情况下固定点位的音视频信息采集，并通过公网（3G/4G/5G）/有线网/WiFi/卫星便携站等信息传输手段实现信息回传
	多旋翼无人机	1	用于在空中开展灾害事故现场视频信息采集工作，现场二维图、正射影像对比图制作等
	固定翼无人机	选配	用于现场侦察、远距离图像传输等
语音传输组	公专融合对讲机	按需	支持运营商公网和现场专网，用于灾害事故现场或现场指挥部音频通信
	350M对讲机	按需	基于350M网络，用于灾害事故现场或现场指挥部音频通信
	卫星电话	3	通过卫星系统，以语音、短信等形式报送灾害事故现场信息，并传送简单的数据信息
	喊话器	1	通过无人机搭载喊话器，现场及时发布信息，传达指令
通信链路组	多链路聚合终端	1	用于现场网络的互联互通，实现公网、专网、卫星网、宽带自组网、WiFi等网络融合
	卫星便携站	1	用于灾害事故现场或现场指挥部无公网或公网信号质量较差情况下，通过卫星链路实现音视频及数据信息的回传
	超轻型卫星便携站	选配	质量不超过10kg，可单人背负，用于灾害事故现场或现场指挥无公网或公网信号质量较差情况下，通过卫星链路实现音视频及数据信息的回传
	窄带自组网系统	1	包含窄带自组网中继台，进行全域的音视频信号覆盖
	宽带自组网系统	选配	包含宽带自组网固定台、宽带自组网背负台，进行全域的音视频信号覆盖
	系留无人机	1	实时传输空中全景，搭载空中基站

组名	设备	数量	功能用途
通信链路组	短波中继器	1	将电波放大转发从而延伸通信距离
	野战光缆	按需	与运营商配合，接通指挥部有线链路
现场调度组	卫星通信车（方舱）	1	具备卫星图传、通信、会商、调度，以及直报直调功能
	车载电台	1	用于灾害事故现场或现场指挥部音频指挥
	便携指挥箱	1	用于灾害事故现场或现场指挥部多路音视频数据的汇聚交换，并通过公网传输模块或卫星通信等链路传输设备实现音视频信息的汇聚、切换、转发等功能
供电保障组	智能电源箱	选配	用于灾害事故现场或现场指挥部各类应急指挥与应急通信装备的电源保障
	UPS电源箱	1	用于灾害事故现场或现场指挥部各类应急指挥与应急通信装备的电源保障，可连接市电或发电机
	便携式发电机	1	用于灾害事故现场或现场指挥部各类应急指挥与应急通信装备供电
运输保障组	助力小推车	1	用于各类设备器材搬运，实现助力爬楼等辅助功能
	通信运输车	1	用于通信设备、个人装备及给养物资运输工作，实现应急通信保障人员及相关装备快速投送
	直升机	协调	协调对接政府部门，调派直升机把人员、装备运输至前线；运输设备和人员至制高点设立前线指挥分部，架设前方中继站
辅助器材组	便携式图形工作站	1	用于处理灾害事故现场采集的图像数据，实现无人机倾斜摄影数据三维建模、正射拼接计算等功能
	便携式应急灯	1	用于灾害事故现场通信保障工作照明
	工具箱、配件等	1	用于辅助开展灾害现场通信保障工作
尖兵通信员	运动摄像机	1	可固定于头盔的运动摄像机
	单兵图传	1	公网覆盖环境下，通过单兵背负移动，在灾害事故现场完成音视频信息采集工作，并依托公网实现信息回传

组名	设备	数量	功能用途
尖兵通信员	超轻型无人机	1	质量不超过1kg，带双光镜头，至少配两组电池
	公专融合对讲机	1	能够无感切换公网和专网，配备无线蓝牙耳机，固定在身上
	窄带自组网节点	1	单兵背负式窄带自组网中继节点，质量不超过3kg，可进行全域的音频信号接收
	卫星电话	1	通过卫星系统，以语音、短信等形式报送灾害事故现场信息，并传送简单的数据信息
	北斗有源终端	1	用于灾害救援机动过程中的通信指挥，配合救援指挥平台实现救援队伍机动过程中的调度和战术指挥，具备导航定位、北斗卫星短报文收发等功能
	绳索、挂钩等	1	用于山林间攀爬及自我保护
	求救信号枪	1	用于发送求救信号

（1）信息采集组

重点依托支队、大队建设，用于采集灾害事故现场图像、视频和语音信息，包括视图传输组、语音传输组共2种作战组。装备配备以表8-3所示为基础，可根据实际情况选配装备器材。

① 视图传输组：主要承担山林救援中现场视图拍摄任务，具备俯拍、抓拍、追拍、原地360°环拍、定点拍摄全景、局部细节拍摄等能力。拍摄视图应画面水平、主题明确、清晰稳定、构图合理，能准确呈现现场情况。主要配备手机、单兵图传、云台稳定器、高清摄像机、布控球、无人机等装备。

② 语音传输组：主要承担山林救援中事故现场语音类信息采集任务。声音采集应流畅连贯、效果良好。主要配备350M对讲机、公网集群对讲机、卫星电话、大功率喊话器等装备。

（2）通信链路组

重点依托支队建设，可快速研判现场情况，搭建现场应急通信网络，保障山林通信传输连续稳定，及时解决通信故障问题。主要配备多链路聚合终端、卫星便携站（车载、轻型、超轻型）、宽（窄）带自组网系统、系留无人机、野战光缆等装备，以表8-3所示为基础，可根据实际情况选配装备器材。

（3）现场指挥组

重点依托支队组建，按照实际配备的车辆确定组别并调度。车辆器材配备以表8-3所示为基础，可根据实际情况选配装备器材。

现场指挥组负责前方指挥部的搭建，可依托卫星通信车（方舱）搭建，负责灾害事故现场各类图像、视频、语音信息的传达与呈现，实现与后方指挥中心的联通与互动，完成现场指挥调度。

（4）辅助保障组

重点依托支队建设，为灾害现场各类应急通信装备提供备份、续航、运输保障，包括供电保障组、运输保障组和辅助器材组共3种作战组，装备配备以表8-3所示为基础，可根据实际情况选配装备器材。

① 供电保障组：负责为灾害一线、现场指挥部的各类应急通信设备提供电源保障，主要配备备用电源、便携式发电机等装备。长时间作战时，该作战组负责协调当地供电部门，保障前方指挥部的稳定供电。

② 运输保障组：负责不同环境下应急通信设备的运输，主要配备通信运输车和助力小推车。通信运输车包含便于应急通信装备模块化储运的货箱。助力小推车用于道路损毁时通信设备的徒步运输，具有电动或油动等辅助动力。必要时，可请示当地政府，调派直升机把人员、装备运输至前线，或运输设备和人员至制高点设立前线指挥分部，架设前方中继站。

③ 辅助器材组：负责提供通信设备辅助器材，主要配备备用电缆、备用电池、野战光纤、防雨防晒篷布、照明灯等。

四、消防山地救援通信调度和要求

（一）调度原则

① 当发生山地灾害事故时，若接收到当地（区、县级）政府发出的调度命令，应先行调度大队级保障单元到场处置，后续根据现场实际补充调度作战组。

② 当发生山地灾害事故时，若接收到市级以上政府发出的调度命令，力量调度以支队级保障单元为基础，大队级保障单元作为前突力量先行到场，结合实际情况进行调度。

（二）通信方式

1.利用现有设备

充分利用现有的山林监控系统、卫星地图等辅助决策。

2.现场通信保障

（1）窄带语音通信

① 使用公网集群和350M网络进行通信，短距离通信时，现场通信以350M消防无线通信网为主，并按照"三级组网"方式组建。

② 公网通信正常时，可利用移动电话、公网集群对讲终端与地面保持通信，必要时加设中继台，增强直通模式下的通信信号。在公网未覆盖的地方，利用卫星电话通信。

③ 架设窄带自组网中继台，实现对讲机通信。利用系留无人机架设空中基站，前方指挥部（通信指挥方舱）架设大型天线，前方救援小组配备背负式中继节点，实现现场窄带专网通信，通信范围可覆盖方圆10km以上（详见表8-4）。

（2）宽带视频通信

① 利用单兵图传（按需接入高清摄像机、运动摄像机或无人机）、布控球（高点架设）实现图像回传。

② 部署宽带自组网，实现视频通信。将Mesh宽带自组网固定台及多台Mesh宽带自组网背负台部署在空中及各作战单元，即可联通多模终端设备，保障流畅清晰的视频和对讲机通话（详见表8-5）。

③ 利用固定翼无人机、系留无人机实现远距离图像回传、空中全景不间断传输等。

3.传统通信方式

当通信系统、设备全部失灵时，可使用大喇叭、手势、旗语、灯光、哨音、绳索信号等辅助手段进行现场通信联络。

表 8-4　窄带自组网通信拉距测试记录表

设备名称	窄带自组网背负台	测试单位	韶关市消防救援支队 广东总队机动支队
业务类型	指挥部与前方测试点拉距测试语音组呼通信效果	设备数量	3台窄带自组网背负台； 4台窄带对讲机
情况模式	测试时间：2020年7月11日下午4:00～5:00 　　设备架设：1台窄带自组网背负台在乐昌市国防教育基地的系留无人机上升空（100m/200m）架设，天线采用自带天线；另外2台窄带自组网背负台在地面随车辆人员背负出发测试 　　测试方式：第一路测试队伍（韶关支队人员）开车从广东省乐昌市国防教育基地，沿人民北路、248省道向北前进，车队人员通过窄带自组网背负台1跳回传至国防教育基地高空窄带自组网与地面的测试人员窄带对讲机呼叫测试，同时通过2跳与机动支队车队人员进行语音组呼测试；与此同时第二路测试队伍（机动支队人员）开车从乐昌市国防教育基地出发，沿东环北路、人民南路、248省道向南前进，车队人员通过窄带自组网背负台1跳回传至国防教育基地高空窄带自组网与地面的测试人员窄带对讲机呼叫测试，同时通过2跳与韶关支队车队人员进行语音组呼测试 　　测试流程：第一步，韶关支队车队人员手持窄带对讲机（与车内自组网背负台连接）通过与国防教育基地的高空窄带自组网节点连接，与国防教育基地的地面测试人员的窄带对讲机进行通信（此时通过2跳窄带自组网也可以与向南行进的机动支队车队人员进行正常通信），测试窄带自组网在1跳情况下的通信距离，记录双方能够清晰流畅地进行语音组呼通信的位置 　　第二步，在第一步中的清晰通信的测试位置下记录距离，然后开车继续前进，途中偶尔开始出现掉字情况，测试并记录能够进行正常清晰流畅语音组呼的极限位置 　　第三步，在第二步的基础上，开车继续前进，测试韶关支队车队与国防教育基地以及机动支队车队这三支队伍完全不能正常通信的极限位置，记录测试情况		
基本参数	窄带自组网：最多支持32个节点组成无中心自组网 窄带自组网测试频点为358MHz		
设备质量	窄带自组网背负台为3.5kg	携行方式	背负方式/车载方式
安装部署时间	开机即用，3min内组网	运行时间	8～10h（电池）

测试效果	1. 韶关支队携带窄带自组网背负台向北拉距，行进过程中有山岭阻隔，一直使用窄带终端与乐昌市国防教育基地的地面测试人员进行语音呼叫，语音业务清晰流畅。车辆行驶到蛇岭位置时与起点直线距离10.1km，当车辆继续向前，车内窄带终端语音业务开始出现轻微掉字情况，退回至蛇岭，语音业务恢复清晰流畅的效果，测试距离如右图所示  窄带自组网可进行清晰流畅业务的距离测试记录 2. 在记录蛇岭的位置之后，韶关支队携带窄带自组网一直与乐昌市国防教育基地、机动支队车队保持语音呼叫业务，继续向北行进约2.1km至风门坳位置，由于中间较多的山岭阻挡，窄带自组网信号减弱，语音呼叫出现掉字情况，行进至风门坳位置仍可进行语音呼叫，继续向前就无法进行正常呼叫，通信中断，车辆退回至风门坳通信恢复，此时风门坳与乐昌市国防教育基地直线距离为12.2km，测试距离如右图所示 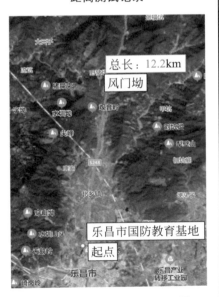 窄带自组网覆盖距离极限位置测试记录

| 测试效果 | 3.机动支队携带窄带自组网背负台向南驶入城区进行拉距，行进过程中有密集城区及山岭阻隔，一直使用窄带终端与乐昌市国防教育基地的地面测试人员、韶关支队车队人员进行语音呼叫，语音业务清晰流畅。车辆行驶到乐昌碧桂园凤凰酒店位置时与起点直线距离4.5km，当车辆继续向前，车内窄带终端语音业务开始出现轻微掉字情况，退回至凤凰酒店时，语音业务恢复清晰流畅的效果，测试距离如右图所示 | 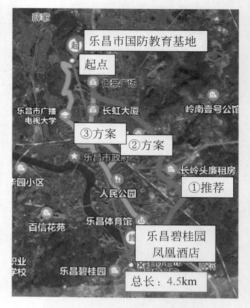
窄带自组网覆盖距离测试记录 |
| | 4.在记录语音业务清晰流畅的距离之后，机动支队携带窄带自组网一直与乐昌市国防教育基地、韶关支队车队保持语音呼叫业务，继续向南行进至乐昌南方水泥有限公司位置，由于城区较多的密集楼房阻挡，车辆的窄带自组网信号减弱，语音呼叫出现掉字情况，行进至乐昌南方水泥有限公司位置可进行语音呼叫，继续向前通信中断，机动支队车辆退回至南方水泥有限公司通信恢复，此时极限通信位置与国防教育基地直线距离为8.1km，测试距离如右图所示 | 
窄带自组网覆盖极限距离测试记录 |

测试效果	5. 韶关支队从国防教育基地向北出发至风门坳，机动支队从国防教育基地向南出发至乐昌南方水泥有限公司，使用了3个窄带自组网背负台（2个车载节点，1个无人机高空节点），最远的两个车载节点（从风门坳至乐昌南方水泥有限公司）直线距离为18.9km，测试结果如右图所示  窄带自组网3个节点整体拉远距离 测试记录 测试结论： 1. 整个测试过程中使用了3个窄带自组网节点，开机自动组网，最远节点之间的直线距离为18.9km，同理可知，可在窄带自组网极限点处继续添加节点，延长信号覆盖距离，灵活性与机动性较强 2. 在测试过程中，系留无人机开始是在100m的高度进行了简单测试，随即升高至200m，两次的通信测试结果相似，对比之后可知在无密集高楼遮挡的情况下，无人机升空的高度对窄带自组网测试效果影响不大，在广州等拥有大量密集高楼的城区测试时无人机的升空高度对窄带自组网的覆盖范围有较为明显的影响 3. 在测试过程中，地面人员携带的窄带对讲机与高空窄带自组网节点的正常通话距离为2～3km，而窄带对讲机与地面窄带自组网节点的通话距离为1km左右；在国防教育基地无人机搭载窄带自组网节点升空时，地面测试人员只需要使用窄带对讲机通过高空节点就可以与拉距车辆的窄带自组网节点进行正常通话测试

表8-5 宽带自组网通信拉距测试记录表

设备名称	宽带自组网/多模终端	测试单位：	广东省消防救援总队 韶关市消防救援支队
测试内容	前方车载单兵多模终端与机动支队指挥部视频单呼 前方车载单兵高清DV拍摄视频回传机动支队指挥部		
情况模式	测试时间：2020年8月20日10:30～18:30 设备情况： 宽带自组网车载台A放置在系留无人机上，采用机载桶状天线，采用无人机机载供电； 宽带自组网车载台B放置在韶关支队通信指挥车上，采用玻璃钢天线； 宽带自组网背负台C放置在测试车辆上，随测试车辆进行拉距测试； 宽带自组网背负台D放置在测试车辆上，随测试车辆人员进行高清DV回传视频测试。 （C为Mesh V版本，D为新款Mesh P HDMI接口版本） 测试方式：第一步，在总队机动支队指挥部处，宽带自组网节点A架设在系留无人机上并升空至100m，同时开启韶关通信指挥车及拉距测试车辆的宽带自组网节点B、C，宽带自组网节点D关闭 第二步，测试车辆从机动支队指挥部处携带宽带自组网节点C沿着科学大道向东出发，测试视频回传业务流畅度，通过通信指挥车融合通信平台记录相关终端位置信息及测试极限距离 第三步，测试车辆沿着科学大道向东出发测试，行至4.5km左右时开启宽带自组网节点D，测试高清DV将视频信息回传至机动支队指挥部的效果，记录具体情况 第四步，测试车辆从机动支队指挥部出发沿高普路至华观路、科韵北路至广园快速路至省消防总队，测试机动支队指挥部至省消防总队视频信号互联互通需要的宽带自组网节点数 第五步，测试车辆从省消防总队出发沿广园快速路、科韵路经琶洲大桥，再沿阅江东路过华南大桥，沿华南快速路进行极限拉距测试，将沿途视频信息回传至机动支队指挥部，记录极限位置的视频回传情况		
基本参数	宽带自组网：支持6跳以上组网 频段：宽带自组网频点为580MHz 功率：Mesh V为2×5W；Mesh P为2×2W		
设备重量	宽带自组网车载台7kg 宽带自组网背负台5kg	携行方式	车载及背负
安装部署时间	开机即用，3min内组网	运行时间	8～10h（电池）

测试效果	1.无人机搭载宽带自组网节点A升空至100m，测试车辆携带宽带自组网节点C及节点D从机动支队指挥部出发向东拉距，行进过程中有建筑群及山岭阻隔，沿科学大道向东出发，一直使用多模终端与通信指挥车地面测试人员进行视频对讲，视频回传业务清晰流畅。车辆行驶至距离通信指挥车4.5km处，扫频显示有电磁干扰，当车辆继续向前，车内多模终端视频回传业务开始出现轻微掉帧情况，继续行驶至4.8km处，视频开始出现卡顿现象，继续向前至5.1km处，因现场强电磁干扰视频中断，测试距离及Mesh链路状态如下图所示  指挥车平台4.5km两点距离记录  指挥车平台4.8km两点距离记录

测试效果	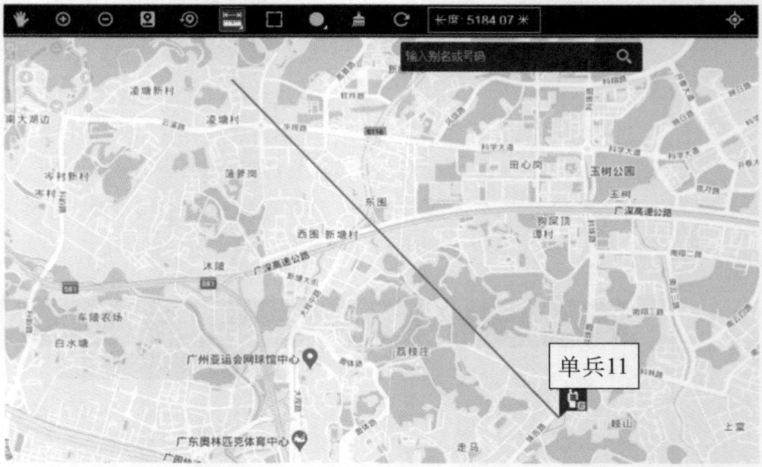 指挥车平台5.1km两点距离记录 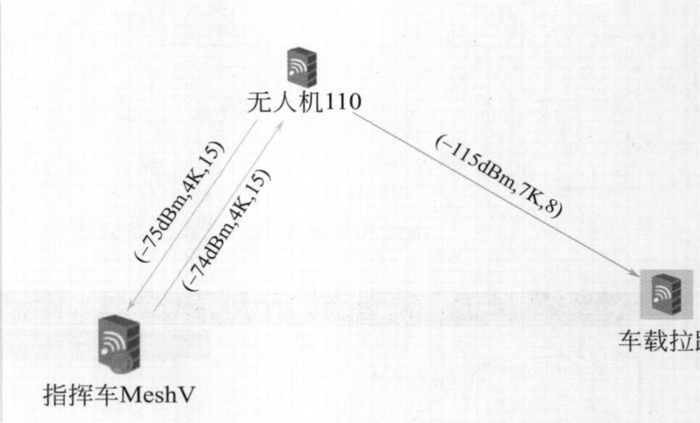 5.1km处Mesh链路状态图 2. 无人机搭载宽带自组网节点A升空至100m，测试车辆开启宽带自组网节点C并关闭宽带自组网节点D从机动支队指挥部出发向东拉距，行进过程中有建筑群及山岭阻隔，沿科学大道向东出发，一直使用多模终端与通信指挥车地面测试人员进行视频对讲，视频回传业务清晰流畅。车辆行驶至距离通信指挥车4.5km 处时，开启宽带自组网节点D，使用高清DV进行视频拍摄并回传，通过指挥车软件平台可观测到Mesh链路状态，高清DV回传1路高清视频流占用4.07M带宽资源，链路上下行情况如下图所示

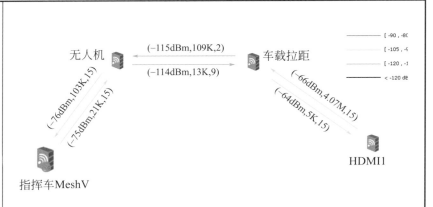

Mesh链路状态图

3.无人机搭载宽带自组网节点A升空至100m,测试车辆开启宽带自组网节点C从机动支队指挥部向省总队位置出发拉距,行进过程中有建筑群及山岭阻隔,沿高普路、华观路、科韵北路至广园快速路至省消防总队,一直使用多模终端与通信指挥车地面测试人员进行视频对讲,视频回传业务清晰流畅,至省总队前的广园快速路时,车内视频出现卡顿,将宽带自组网节点C转移至省总队主楼16楼高点处,宽带自组网节点C可与机动支队韶关通信指挥车上的宽带自组网节点B直接连接(此时视频不需要经过高空宽带自组网节点A回传),B、C两自组网节点相距7.9km,视频回传业务清晰流畅,测试距离及Mesh链路状态如下图所示

机动支队节点B与省总队节点C距离记录

测试效果	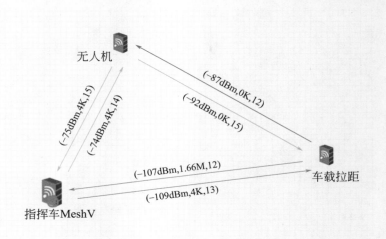 **A、B、C 三宽带自组网节点连接状态图** 4. 无人机搭载宽带自组网节点 A 升空至 100m，测试车辆开启宽带自组网节点 C 从机动支队指挥部向省总队位置出发拉距，沿广园快速路、科韵路经琶洲大桥，再沿阅江东路过华南大桥，沿华南快速路进行极限拉距测试，将沿途视频信息回传至机动支队指挥部，测试时使用多模终端与通信指挥车地面测试人员进行视频对讲，过琶洲大桥至阅江路后，车辆继续向前行驶时视频出现卡顿，此时测试车辆距离机动支队通信指挥车 9.6km，随后测试车辆沿阅江路经华南大桥返回时，视频回传恢复清晰流畅，此时测试车辆与指挥部两点的极限距离为 10.3km，测试距离及 Mesh 链路状态如下图所示  **指挥车平台 9.6km 两点距离记录**

测试效果	

指挥车平台10.3km两点距离记录

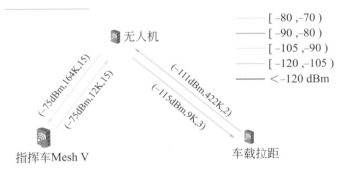

Mesh链路状态图

测试结论:

1. 整个测试过程中2个宽带自组网车载台节点(无人机100m高空节点与地面测试车辆节点)之间最远直线距离为10.3km,同理可知,可在自组网极限点处继续添加节点,延长信号覆盖距离,灵活性与机动性较强

2. Mesh V的测试效果明显比Mesh P要好,可见天线发射功率对传输距离有明显提升,另外,Mesh设备通过软件设置成高性能状态时,传输距离明显增强

3. 在测试过程中,使用Mesh P(HDMI版)进行视频回传时,视频有抖动且画面不稳定,通过传输情况监测,判定是视频压缩率太低,链路带宽资源占用较多,属于软件和算法优化的问题,已向研发部门反馈,当前软件版本下基本不建议使用

测试效果	4.系留无人机对宽带自组网的提升太明显，超过3km的组网要有系留无人机配合；无人机升至100m高空后，暂未发现高度的继续增加对测试结果有明显的提升 在不同方向的自组网传输测试过程中，发现现场环境对设备影响比较大，会导致传输的不稳定性增加，是电磁干扰还是其他原因暂时没有可靠的结论 实战运用分析： 1.当断网范围较大时（如山林火灾、洪涝等野外作战），优先使用Mesh V作为指挥部和作战区域的节点，并调至高性能模式，配合系留无人机使用；当断网范围较小时（如城市重大灾害），优先使用Mesh P作为节点，保证续航能力 2.宽窄带分开，宽带自组网传输视频，另部署窄带自组网传输语音

系留无人机高空宽带自组网节点

4.接力通信方式

利用无人机、高清摄像机等采集现场图像并保存，用越野车转移至公网覆盖区域再回传后方指挥中心。

（三）现场与后方通信网

1.利用消防卫星通信网

利用消防卫星通信网建立由卫星通信指挥车、便携卫星站及总队/支队指挥中心组成的指挥视频会议，上传救援现场实况图像，建立语音和数据传输信道。

2.建设卫星电话网

利用公共卫星建立跨区域应急通信电话网，用于总队、现场指挥部、支队指挥中心间的通信联络。

3.组建短波指挥网

利用短波中继器组建短波指挥网，用于现场指挥部、支队指挥中心和救援队间的通信联络。

五、消防山地救援通信工作要点

（一）调取卫星图，掌握山体基本情况

指挥中心应第一时间掌握灾害事故现场山体的经纬度坐标，调取卫星地图查看山体海拔、道路、树木覆盖、周边水源等基本情况，并将有关信息及时分享至各级指挥员。在全勤指挥部出动前，使用晒图机等大型打印设备，将卫星图进行打印，交由全勤指挥部挂图指挥。

（二）保持通信持续，防止出现失联状况

进入山火扑救区域的队伍，要一直保持通信畅通，通信员时刻关注手机、公网集群对讲机信号，当进入信号盲区时，立即向后方指挥部报告，并预定好卫星电话报告时间（行进中每小时一次，到达扑救区域每半小时一次）。山火所在辖区支队负责调派前突的应急通信保障队伍，要预先考虑总队、支队前方指挥部搭建选址。选址要在确保安全的前提下，绝不允许设置在没有任何网络信号的地方。没有公网时，必须确保卫星便携站能够建立起稳定持续的卫星链路。

（三）携带必要通信装备，搭建现场自组网

山林火灾发生的地方普遍人迹罕至，灾害持续时间长，缺少公网和电力覆盖，且少有可通行车辆的道路，是典型的"三断"场景。现场支队级以上应急通信保障队伍应出动不少于5人，携带抗风能力好的固定翼垂直起降无人机（双光版）、系留无人机、卫星便携站、卫星电话、北斗有源终端、发电机、充足的电池等关键装备（以自组网设备为主），通过小推车或背负的方式将通信装备运输至指定地点，第一时间寻找有利制高点或通过系留无人机进行作战区域的自组网覆盖，并将自组网终端配备至各级指挥员。现场灭火指战员应携带自组网终端、卫星电话和北斗有源终端，确保与指挥部保持联系。各作战单元应配备至少一台双光版轻型无人机，用于掌握队伍所在位置、周边火势情况及撤离路线。

（四）时刻留意火线和风势情况，切勿擅自行动

风向、风力对山火火势影响大。应急通信保障人员切勿擅自行动，应在确保自身安全的情况下，实地侦查气象信息，关注风势情况，以无人机为主要侦查手段，架设可变焦自组网图传设备（现场有公网时可利用4G布控球）为辅助手段，掌握火点、火线动态，为指挥部研判当前形势、进行力量部署等工作提供参考，确保队伍始终处于安全可控的状态。

（五）准备力量轮换，做好打持久战准备

山火旷日持久，火势变化较快，应急通信需要做到24小时不间断保障。各级应急通信保障队伍要合理安排好通信值守人员，其间做好火情监测、设备供电、电池蓄电、网络保障等工作。未值守人员合理安排休息，补充精神和体力，做好相应轮换准备。

（六）明确撤退信号，保障参战人员安全

每次作战前必须结合实际情况约定好撤退信号，充分利用烟火、

警报、无人机等手段，保证作战人员能及时收到危险和撤退的信号。进入作战区域参与作战的人员必须保证在通信失效的情况下能发出求救信号。

六、消防山地救援通信要求

山林应急通信应满足以下要求。

（一）续航能力

山林通信装备应充分考虑续航问题。参加战斗的通信员必须能保障自身体能、设备能源的补充等问题。

（二）便携性

山林通信保障人员需要翻山越岭，必须解放双手，携带的装备必须轻便、可背负或能在身上固定，如配备声控骨传导收发耳麦设备与350M对讲机配套使用，采用头盔式视频采集设备。

（三）稳定性和可靠性

山林通信属野外作战，所配备的装备必须具有较强的稳定性和可靠性，具备基本的防晒、防水、防碰撞等特性，为消防队伍顺利救援提供基本保证。

七、消防山地救援通信无人机战法

随着科技的创新发展，作为新型装备的无人机被广泛应用于消防救援领域。无人机具备操作简便、灵活性强、视野全面等优势，在消防救援中可以大幅度提高消防救援工作的质量与效率，为消防救援人员提供及时、全面且精准的现场信息，为具体决策提供所需的参考数据，为消防救援成效提供保障。无人机分阶段应用策略如下。

1. 初战阶段

① 救援现场态势侦察。可分为山体画面拍摄、山林上空全景图拍摄、疑似求救信号定位、周边线路侦察等四个方面。

② 现场环境侦察。可分为停车区域及指挥中心设点侦察、疑似求救信号定位、救援人员进山路线侦察等三个方面。

③ 信息预标记。通过地理信息底图或卫星地图观测救援位置附近是否存在特殊标志等，并打点标记；通过卫星地图找出作业区域制高点，协助选址架设通信基站。

④ 标绘作战要素。基于前方标记，后方进行标绘测量，快速获取山林面积、路线长度等数据，辅以温度、湿度、风向等气象信息同步上图。

2. 处置进攻阶段

① 救援人员行进线路打点，位置刷新，对位移后的线路打点定位。

② 救援作业面效果观测。观察救援人员救援行动效果，观察作业面周围是否有断崖、背坡等复杂地形。

③ 分时段刷新全景图。根据救援进程，间隔一定时间刷新全景图信息。

④ 对前端标注信息进行整理编辑，及时指出救援线路位置，测算速度和时间。

3. 飞行安全要点

在山林救援中，需要特别注意的是夜间飞行。常见的障碍物类型有高压线、风力发电机、信号塔等。规避要点如下：

① 起飞前观察，提前预估高压线位置，无人机飞到一定高度后，打开热成像功能进行观察，最好以天空为背景寻找高压线，从而判断出高压线的高度、位置。

② 当作业过程中，发现屏幕出现横条快速刷屏时，需要引起注意，大概率为无人机到观测目标间存在高压线。

第九章

典型山地救援案例

一、云南普洱市哀牢山4名地质调查人员因公殉职事件

2021年11月13日上午，4名地质人员从云南省普洱市镇沅县者东镇进入哀牢山开展野外作业。这4名地质人员都曾当过兵，受过专业化的训练，且年纪比较轻，但当天他们进入山林后并没有到达预定目标点。当天晚上山上下小雨，4人在山上过夜，搭了简易窝棚并生火。至14日，小雨一直下，山上雾气蒙蒙，为了到达目标点，4人继续前行，随后不知不觉迷路了，由于已经深入哀牢山，没有信号，无法通过电话联系外界。

随后相关部门立即组织开展搜救，搜救人员于22日凌晨1点左右找到3名失联人员，8点32分左右找到第4名失联人员。找到失联人员后救援人员立即进行现场救治，发现失联人员已无生命体征。后经公安机关对4名地质调查人员进行法医学检验确认：4人系低温所致心源性休克死亡，排除中毒、机械性损伤死亡。另据公安、地质、气象、环境、通信、林业、山地救援等领域专家联合现场勘查，认为4人殉职的原因主要是：长时间爬山导致体力消耗过大，事发区域出现瞬时大风、气温骤降等造成人体失温。

二、广西南宁市大明山6名游客失联案例

2019年3月4日，6名游客前往广西南宁大明山探险露营，上山第二天，他们遭遇一场冰雹，东西都被淋湿了。其间有人提出原路返回，但遭到大家的反对，于是大家继续前行。由于山上一直下雨，还有大雾，6名游客被困在大明山里并失联。3月7日晚上，当地政府接到家属报警后，于3月8日一早展开救援。3月9日，南宁市消防支队出动包括全地形卫星通信车、多功能抢险救援车等8辆消防车，50名消防指战员，3条搜救犬前往现场参与救援。直至3月9日15时30分左右，经过救援人员的努力，6名游客陆续被找到。经过检查，游客身体状况正常，6人没有生命危险，随后救援队伍将6人护送下山。

三、广东韶关新丰县云髻山"10.3"山地救援案例

2017年10月3日,新丰县云髻山有6名学生被困。

(一)救援经过

2017年10月3日,18时20分消防支队接到报警称新丰县云髻山景区有6名学生被困,新丰消防中队立即出动2辆消防车共10名指战员前往救援。在出警途中,中队指挥员根据以往经验第一时间向大队值班领导汇报并积极联系知情人士,得知6名学生在云髻山五指峰下山途中迷路已超过3小时,并有1人受伤。

18时50分,中队抵达云髻山大门口,指挥员立即与派出所民警、景区工作人员及部分被困学生家长详细了解情况,确定学生可能被困的位置。经询问分析,6名学生有可能是在云髻山五指峰景点黄石寨路口下山途中错过路口迷路。时间就是生命,指挥员立即与景区工作人员、派出所民警商讨救援方案,最后决定兵分两路,第一组由派出所民警和部分家长组成,由派出所领导负责,在景区大门处留守作为救援后备力量;第二组由新丰县消防大队指战员及景区工作人员组成搜救小组,由消防大队指挥员负责,带领1名景区工作人员、10名消防指战员、2名学生家长上山救援。

19时20分许,在景区工作人员的指引下,救援指战员驱车赶往云髻山黄石寨路口,下车后徒步上山搜救。由于迷路学生不熟悉云髻山周围环境,对于所处位置的描述不清晰,给救援增加了一定难度。最终,通过被困学生给救援指战员发送的手机定位,确定被困学生位于云髻山扁螺石附近。

19时40分许,救援人员上到扁螺石半山腰时发现前面没路,无法通往扁螺石山顶,救援指战员在半山腰附近呼喊也得不到回应,只能原路返回到主道变换救援路线。通过再次与被困人员联系,获取到被困人员附近有瀑布这一关键信息。搜救人员马上商讨下一步搜救计划,此时主要有两种观点:一是跟着定位走;二是依仗景区工作人员对云髻山的熟悉程度,由工作人员引路。信科技还是信景区管理员的经验,

使指战员陷入两难的境地。最后大队指挥员决定选择由景区工作人员带路,理由如下:云髻山山高林密定位很容易出现偏差,不跟着景区工作人员走很容易迷路。此时离学生迷路已经超过8小时。此次救援,消防指战员不仅要面临各种未知的危险,山地救援更要分配好体力,一旦出现体力透支的情况,将十分危险,因此在救援过程中中队指挥员组织救援指战员轮流背负救援装备,合理分配体力。此次救援给救援指战员带来了前所未有的心理压力,由于被困人员位置不确定,每走一步就代表离出发点远一步,一旦开始方向选错就代表此次救援需要付出更大的努力,且此时定位显示离目标距离越来越远。

21时30分许,大(中)队指战员同景区工作人员来到云髻山五指峰黄石寨路线和景区大门路线交汇点,救援人员通过呼喊、灯光照射等方式寻找被困者未得到任何回应,使搜救工作再次陷入僵局。摆在救援人员面前有三条路线:登顶寻找、原路返回寻找、走景区大门下山路线寻找。最终大队指挥员决定避免兵力分散和出现意外,大(中)队指战员一起选择同景区工作人员走景区大门下山路线寻找,经过近3小时的努力,在景区下山路线山谷处找到迷路学生。此时救援指战员已经登山3个多小时,虽然体力透支非常严重,但悬着的心终于可以放下,至此救援工作已经完成一半。

俗话说,上山容易下山难。因山谷方向陡峭,无法继续下山,救援人员决定返回五指峰上,再从大路方向下山。在到达云髻山山脊高处时,救援人员组织学生稍作休息,并向山下焦急等待的家长报平安。为防止迷路学生在下山过程中滑倒摔伤,救援指战员一路搀扶被困学生下山。次日凌晨0时25分,在救援人员不懈努力下,迷路学生终于被安全送到在山下焦急等待的家长手中。

（二）救援难点

① 6名学生长达7个多小时未进食,随身携带的手机电量也已不足且信号极不稳定,随时可能失去联系,从而影响救援进展,对于学生的人身安全也是极大的考验。

② 云髻山山高林密,山路陡峭,藤蔓、荆刺、树根等障碍物多,

救援时间长、救援难度大且有许多大型攻击性动物及毒蛇、毒虫等，存在许多未知危险。

③ 迷路学生不熟悉云髻山周围环境，对于所处位置的描述不清晰，给救援增加了一定难度。

④ 云髻山山高林密，定位很容易出现偏差，不跟着景区工作人员走很容易迷路。

⑤ 白天上云髻山需要3小时左右，晚上摸黑行进则更困难，因为晚上视线差，许多野生动物也开始活动。

（三）存在的不足

① 上山之前未确定人员被困位置，盲目上山。
② 手机定位在崇山峻岭中不够准确。

（四）几点启示

① 应加强科技应用，尽快确定被困人员位置。
② 由熟悉地形环境的工作人员或本地人担任向导。

四、广东韶关始兴县沈所镇"12.20"山地救援案例

2018年12月20日，始兴县沈所镇南方村发生一起老人上山采野果失联警情。始兴消防中队接到报警后，立即出动2辆消防车13名指战员前往处置。

（一）救援经过

2018年12月21日凌晨0时20分，消防救援人员抵达南方村，并在南方村村委会集中向镇政府领导、派出所民警、当地村民了解情况，共同商量搜寻方案。经了解，两名老人上山采果，相互走散，一名老人顺利下山，另一名老人失联，顺利下山的老人向所在村委会汇报情况，村委会于当天18时组织派出所民警与村民组成搜救小组上山搜寻，时至23时40分左右仍未搜救成功，镇政府领导遂向消防大队

报警，请求援助。

2018年12月21日0时40分在确定救援方案后，救援队由熟悉路况的护林人员引路，前往老人失踪的地点附近搜寻，经过一个半小时，搜救组到达山顶，在其失踪点的附近与镇政府组织的搜救小组汇合。根据现场情况，为加快搜救进度，始兴中队指挥员决定进行重新分组，每组由护林员、民警、消防人员组成，最终分成五组。由于天黑路险，山路凹凸不平，山崖下是人工水库，深浅不知，并且所在山林平时有野猪、毒蛇等出没，此时天还下起了雨，给搜救工作带来了极大困难和挑战。此时老人失踪已达10个小时，考虑到下雨以及老人体力问题，中队指挥员通过对讲机向各搜救组要求加快救援速度。

凌晨3点左右，第五搜救小组在水库边听到呼救声，但是由于山里空旷，伴有回声，一时间无法确定老人的位置，搜救人员在水库两面的山上来回多次搜寻，最终找到失踪老人。消防员战士立即询问老人的身体情况，并送上食物和饮用水，及时给老人补充体能，所幸老人并无大碍。

21日5时50分，搜救人员和被困老人到达山下集合点，搜救任务圆满结束。

（二）救援难点

① 下雨天气、夜间气温和能见度低。
② 救援现场信号差、山地覆盖面大、无明确的上山道路。
③ 失联人员为老人，失联时间长，未携带食物。

（三）存在的不足

① 雨衣、干粮等个人防护和保障物资准备不充分。
② 山上信号差，互联沟通不够顺畅。

（四）几点启示

① 雨衣、干粮及饮用水应在执勤车辆上常备，定期组织检查。
② 定期模拟山地救援训练或实战演练，提升指战员山地救援能力。

五、广东韶关翁源县翁城镇山坑村"7.22"山地救援案例

2020年7月22日,翁源县翁城镇山坑村老廖屋老马斜有人掉进悬崖被困,事故造成2名人员被困,现场情况十分危急。接到报警后,翁源县建设二路消防救援站立即出动2辆消防车和12名指战员火速赶赴现场进行救援。历经13小时不停歇的战斗,最终成功将2名被困人员安全救出并送往医院救治,因救援及时2名被困人员均无生命危险。

(一)救援经过

2020年7月22日,凌晨3时16分,翁源县建设二路消防救援站,一声急促的电铃声打破了夜晚的宁静,全体指战员火速穿上战斗服,登上了消防车,得知是山中有人员坠崖后,指战员心里明白,又有一场硬仗了,纷纷打起了十二分的精神。到达救援地点后,通过报警人得知,"其公司21日13时许派出2人进行地形勘察,之后因未原路返回,导致在山中迷路与公司失联,夜晚10时许,公司派了几组人员进行搜寻,最终在22日凌晨约3时许,与其中一名失联人取得联系,得知两人均失足坠崖,最终该公司决定拨打119求助。指战员接到行动命令后,分别携带了多功能担架、多个挂钩、50m绳、腰包等救援装备,以及无人机、卫星电话等通信装备进入了河床逆流而上。河床上大大小小的石块被溪水常年冲刷后变得非常光滑且长满了青苔,给救援带来了极大的困难。经过近1小时的路程,消防员终于抵达了一处高达20m的瀑布。

经与向导了解,其中一名失联人员就在瀑布上游,而且另一名失联人员已被发现,就在瀑布上方再经过一个瀑布的第三个瀑布悬崖旁。得知情况紧急后,消防站指战员李进朝自告奋勇打前锋,带领另一名指战员从瀑布旁边的山壁往上爬,开辟出一条"生命通道",为救援提供了上山的道路。此通道长约50m,向上爬约20m垂直的山壁,然后拐过一个山岩,再往45°斜坡的山壁攀爬,而后随着藤蔓向下爬约10m山壁到达瀑布顶端,映在指战员眼前的是一个约15m高倾斜的瀑布。

指战员将50m绳丢下瀑布，通过协作将救援装备拉上了瀑布，同时2名指战员随着开辟好的路线登上瀑布进行支援。途径两个悬崖瀑布后，终于在最高处悬崖边发现奄奄一息的被困人员，经过询问观察，发现此伤员腰部、臀部骨折，头部前后均有外伤，血液已经染红了周围的岩石。见此情况，救援人员从医疗箱拿出镊子、棉花、纱布为伤员进行止血包扎，并为其测量了血压，随后立即与指挥员进行联系，请求支援。等待支援之中，指战员一边跟伤员对话，让其保持意识清醒，一边喂伤员喝葡萄糖、生理盐水帮其维生。增援力量到达后，大瀑布下游2名指战员带领医生前来支援，并为其做了专业包扎处理，随后协力将伤员抬上担架，用安全腰带将其固定，防止身体晃动压迫肺部导致休克。指挥员讨论后，安排了两套救援方案：方案一，让政府呼叫直升机进行救援；方案二，用人工将伤员抬下山后用横渡系统将伤员送下大瀑布。等待五分钟后，确定方案一无法实施。指战员用了近半个小时的时间将伤员抬至瀑布悬崖边，再与下方协力搭建横渡系统，最终成功将伤员转运至安全区域。运下瀑布后医护人员对伤员进行了观察，对其进行了生理盐水输液。指战员不敢停留，只想马上将伤员救出险境，接受救治。伤员左右各两人，后方一人拿着生理盐水，前方一人让伤员保持头高脚低，防止血液往头部倒灌造成再次出血。全体指战员为了让伤员少受颠簸，以接力的方式协力合作，历经13小时许最终将伤员救出险境，并转移至120救护车。

（二）救援难点

① 救援难度大。路途遥远且上山路常年被水浸透，路面湿滑且有水，救援人员要蹚着水踩着光滑的石头上山，一不小心就会滑倒或崴到脚。

② 救援道路复杂。山中路途遥远，装备物资运送困难，且都是水路，中间有约20m的瀑布以及两个约10m的瀑布阻断救援道路，沿路石头因长期被水冲刷长满青苔，给上山救援和将伤员运送下山带来不便。20m瀑布附近没有道路，旁边都是杂草丛生的悬崖峭壁，需在当地村民的带领下从悬崖峭壁上开路抵达至20m瀑布上。

③ 通信跟不上。救援现场对讲机信号时有时无，无人机无法使用。

④ 救援力量不足。救援时间长，人员耗费体力大，需要大量人手来接替转用伤员。

（三）存在的不足

① 通信设备老旧，信号弱，用卫星电话与指挥员联系时，通话经常断续。

② 战勤保障机制不健全。前往救援地点后，携带的水、干粮等物资不够，救援地点与外部过远，后勤物资得不到保障。

（四）几点启示

① 加强通信方面训练，对老旧的通信设备进行更替处理。
② 采购能满足同时携带装备、食品等物资的背包。
③ 加强与应急、医疗等联动力量沟通，强化联合实战演练，避免在救援中因支援调动慢而延误警情。
④ 在有人员受伤的情况下，上山救援最好有医生一同前往争取宝贵施救时间。

六、广东韶关仁化县丹霞山茶壶峰"10.10"游客被困案例

2019年10月10日18时11分，韶关市仁化县丹霞山巴寨景区茶壶峰有11名游客被困在未开放的巴寨景区茶壶峰区域山上，接到支队指挥中心调度命令后仁化县消防中队立即出动2台消防车、12名指战员携带山地救援装备赶赴现场，经过周密科学部署及全体救援队员的奋战，历经12小时，于次日6时11分，成功将11名被困人员安全护送至山脚下，圆满完成营救任务。

（一）救援经过

此次救援任务异常艰巨，营救之路惊险万分。仁化县消防中队接到调度命令后立即向支队全勤指挥部和大队主官进行汇报，收集相关信息资料。抵达事故现场后，通过询问相关知情人员，中队指挥员立

即做出部署，将队伍分成三个救援突击小组：一组负责携带救援装备在前方开路；二组负责被困人员转运；三组负责携带充足的饮用水、食物等断后，防止人员走散。救援任务部署后，中队长火速率领救援队伍向事发地挺进。由于被困人员所在位置是未开放区域，前往救援的山路陡峭崎岖，杂木丛生，且随时有各种毒蛇猛兽出没。救援队伍须先步行近2小时抵达山脚下，此时，已是晚上8点多，在漆黑的夜晚，救援队伍只能借助微弱的手电筒光，在没有路的陡峭崖壁上继续艰难前行，稍有不慎便会掉落深渊，但为了争取救援时间，救援队伍早已顾不上脚下的峭壁深渊，只顾争分夺秒，不断向被困人员靠近。又经过2个多小时的艰难攀爬，当晚22时02分，救援队伍抵达半山腰首先解救出其中9名被困人员。由于长时间断水断粮加上体力消耗，9名被困人员已神情恍惚，救援人员立即把水和干粮给他们补充能量，并安排3名队员分前、中、后护送他们下山。

中队指挥员则带领其他队员继续向前挺进，寻找另外2名被困人员。此时摆在救援队伍面前的是前所未有的困境，2名人员被困于一个几乎垂直的三面临崖的狭小平台上，仅能容纳两三个人，且2名被困人员均已受伤，其中1名女生伤势较重，无法动弹，救援难度相当大。为保障被困人员的安全，救援指挥员迅速召集队员研究对策，决定派出有经验的消防救援人员携带绳索、医用药品徒手攀登至被困者所在地，再吊升救援担架分阶梯式接力，采用上方双绳镜像下放、下方牵引的方式实施救援。面对如此艰巨的救援任务，2名救援人员丝毫没有畏惧，冷静检查完救援装备后，立即往被困者方向攀爬。由于根本没有通往被困平台的路，只有一条狭长且长满植被的凹形石缝，想要爬上被困者所在的地方，两名队员只能一只手拿着腰斧，一只手紧紧扣住光滑的山岩，在无法采取安全防护措施的情况下，艰难地劈开一条救援通道，成功将两名被困人员带离狭小平台。

经过彻夜奋战，全体消防救援人员早已疲惫不堪，但为了把受伤的被困人员平安送到山下，指挥员将参与救援的人员分成3个组，每组6人轮流抬担架，起初几百米一轮换，到后来，救援人员的肩膀压肿了，手上、脚上磨出了血泡，体力越来越不支，只能几十米一轮换。遇到陡峭的斜坡，救援人员就制作锚点和搭建绳索系统，数十米一搭建，数十米一轮换，经过长达4个小时的接力传递，次日上午6时，11名被困人员全部被安全护送至山下，一场跨越12个小时，历尽艰辛的生死营救，终于画上了圆满的句号。

（二）救援难点

① 山势陡峭，救援危险大。仁化丹霞地貌，山势陡峭，近乎垂直，山体周围要么是悬崖峭壁要么是湍急的河流，稍有不慎，将造成人员伤亡，且山体属于风化熔岩，向上攀爬的过程中，还时不时有碎石往下滚。

② 野道狭窄，救援难度大。救援道路大部分尚未开发，登山道路属于野道，蜿蜒崎岖，很多地方都没有落脚的地方，救援队员只能靠脚尖和绳索进行攀爬。

③ 天色漆黑，救援情况复杂。由于报警时间已经傍晚，消防救援人员赶到现场后已经是晚上，给后面的整个救援行动带来许多不确定因素。

（三）存在的不足

① 由于整个救援行动发生在夜晚，没有考虑充分，携带的照明设备不足。

② 山地专业救援力量和装备缺乏。

③ 整个救援行动中，没有发挥出自身优势和特点。

（四）几点启示

① 夜晚参与救援行动，务必做好充足的准备。

② 要联系当地向导或知情人，尽量了解清楚被困者的情况和位置。

③ 要充分发挥联动机制，调派社会专业救援力量到场增援。

七、河北省张家口市小五台山"9·30"游客救援案例

2018年9月30日19时53分，蔚县小五台山自然保护区发生一游

客走失事件，情况不明。事故发生后大队立即向市消防支队指挥中心、县政府、县应急办、县公安局领导做了汇报，在县政府坚强领导和统一指挥下，蔚县公安消防大队立即响应、快速行动，组织8名精干人员，协同常宁乡政府人员4人、常宁派出所3人立即开展上山搜救工作，经过5天不间断地搜救找到被困者，圆满完成了任务。

（一）基本情况

（1）接警调度

2018年9月30日19时53分，蔚县公安消防中队接到县公安局110指挥中心转警称：小五台山自然保护区一名游客于9月29日凌晨4时独自经桃花镇赤崖堡村徒步登山，逾期未归，失去联系，蔚县大队立即出动现场救援，县政府立即调集常宁乡政府人员4人、常宁派出所3人开展上山搜救工作，大队教导员靠前指挥，立即启动搜救预案。

（2）周边情况

小五台山雄卧太行山脉东侧，属恒山余脉，位于蔚县、涿鹿南部山区，东邻北京门头沟南接保定。小五台山山体结构复杂，脉络交错，沟壑纵横，峰谷落差高达1800m，大多山脊的北坡均为断裂面，苍松翠柏斜生其间，无路可寻。其东西长60km，南北宽28km，总面积21833hm²，有东台、北台、中台、南台、西台5个突出的山峰，海拔高度依次为2882m、2837m、2801m、2743m、2671m。

（3）地形特点

救援路段地形复杂陡峭，多数路段只能一个人通过，一边是山坡，随时有碎石掉落的危险，一边是悬崖，随时都有可能脚滑坠落下去。

（4）天气情况

当日天气晴，气温3～18℃。入秋以来，昼夜温差极大，日落风起，寒风刺骨，加之山顶下雪，山上与山下温差达到20℃。

（二）救援过程

21时30分救援队伍到达现场，在与失联家属了解完失联者基本情况后，由大队教导员带领全体搜救队员沿着失联者失联的方向开始搜救。由于天黑，加之地形复杂陡峭，搜救工作遇到了极大的困难，但参战官兵克服了重重困难，顶着凛冽的寒风继续深入大山深处搜救，到10月1日凌晨4时由于所携带干粮和照明装备不足，在向县政府请示汇报后搜救队伍被迫暂时撤离下山。10月1日上午，县政府组织召开专题会议，通报相关情况，要求继续加大搜救工作力度。全体救援人员按照游客家属提供的该游客登山路线安排，在大队长带领下从小五台山自然保护区赤崖堡管理处到东台及三岔口路段进行搜救。队员们踩着光滑的石头小心地过河，期间个别队员因踩空掉到河里全身湿透但依然继续搜寻。到达海拔1600m的半山腰位置后山路慢慢变窄只能通过一个人，一边是山坡随时有碎石坠落的危险，一边是悬崖随时都有可能脚滑坠落。14时救援队伍登上山顶，利用望远镜寻找失踪人员，并没有任何发现，随后继续向前搜索。17时20分在与指挥部汇报搜索情况后，搜索队员开始返回。天越来越黑，队员们拖着疲惫的身体打着手电筒小心行走，脚底都磨起了水泡，但他们依然在坚持。

10月2日4时，全体搜救队员在政府的统一指挥下沿小五台山北台路线登山进行搜救。全体搜救队员再次克服寒冷林密、崎岖山陡、白雪皑皑的重重困难，一路进行艰险搜救，直到21时30分下山时，全体搜救人员仍没有发现任何线索。

10月3日凌晨4时根据县政府的指示消防救援人员沿小五台山西台至三岔口方向进行搜索。救援队员携带多功能担架、安全腰带、100m大绳、手电筒和食品由便捷小路直接上山，道路湿滑陡峭石头多，到了海拔1800m以上的时候山路开始有积雪，上山路更加难走、更加危险，到了海拔2300m的时候，已经是上午10点30分。西台最高海拔是2788m，救援队员到达西台山顶下海拔2300m的时候休整了5min后，开始对西台四周进行搜索，在搜索到西台的东北边的时候发现两名游客，在与他们进行了交流后得知他们是从东台上山到三岔口又到的西台，他们从三岔口路过时发现一个帐篷，没有发现人员。得知这一重大线索后，救援队员第一时间向上级领导汇报，决定去三岔口进行搜索查看，在距离三岔口不到100m的时候发现了另一组的一个老乡，他手里拿着帐篷，询问得知是在三岔口找到的，当时帐篷是支开的但是没有固定，帐篷里面还有一个帐篷灯、一桶泡面，没有其他发现，在采集了照片后搜救队员从原路返回。

10月4日凌晨2点县政府下达了新的搜索路线，由金河口景区上山沿西台山脚下继续搜索，下午1时许从县政府指挥部传来一个消息，来自天津的搜救组织在小五台山南台山顶发现失联者，已无生命体征。县政府指挥部当即命令消防救援队员赶往南台山顶营救失联者，顾不上几日来搜救的疲惫，由教导员带领10名队员火速向南台山顶进发，23时许由于夜间视线不良，加之所带补给消耗殆尽，救援队伍停止搜索，在一山顶平坦处进行休整。10月5日5时许，救援队伍在补充补给和装备后继续向发现被困者的南台山顶进发，上午8时30分救援队伍经过艰难险阻到达发现失联者的南台山顶，在经过简单默哀后，消防救援队员利用多功能担架手抬的方式开始运送失联者下山，一路上救援队员多次摔倒受伤，但他们只有一个信念，那就是把失联者的遗体安全护送下山，经过六个小时的翻山越岭，下午3时30分，失联者遗体被消防救援队员安全运送至山下，由公安局移交给失联者家属。

（三）经验体会

① 发生重大灭火和抢险救援事故要及时跟当地政府和主管部门领导汇报，积极争取救援所需的一切支持，并在政府的统一领导指挥下进行救援。

② 抓好体能基础训练，尤其是耐力和负重科目的训练，有机会也可组织人员进行登高爬山训练。

③ 山岳救援较多的单位可以配备相对专业的全套登山装备，一旦有类似的山岳搜救，专业的装备会大大提高搜救的速度和质量。

（四）存在的不足

① 山岳救援经验严重不足，对救援的困难准备不充分。在日常训练中针对山岳救助、搜索等方面没有进行过专业系统训练，加之对小五台山的地形地貌不了解，导致此次搜救任务中出现了"重登山、轻

搜索"现象。

②装备、食物携带不全不足，给救援工作带来被动。此次救援携带的救援装备为大绳、导向绳、腰带、腰斧、多功能担架、手电筒、电台和卫星电话，但携带的器材仍稍显薄弱，食物和水消耗过快导致下山途中食物和水出现匮乏，只能接山上泉水来维持体力。

③全体人员体能耐力素质有待加强。此次救援时间长、战线广，体力消耗极大，参战队员都出现了不同程度的不适反应，但也从侧面反映出队员的体能素质薄弱，需要进一步加强。

八、广西百色市隆林各族自治县猪场乡"1.3"洞穴救援案例

2021年1月3日10时51分，隆林县消防救援大队接到110转警：百色市隆林各族自治县猪场乡平安村上龙孔屯1人坠入洞穴，洞穴深度不明。接警后，鹤城消防救援站立即向支队指挥中心汇报，立即调派一个抢险救援编队（2车、14名消防指战员）赶赴现场处置。后因该事故救援难度大，指挥中心又调派红城站5名指战员，和由应急局增派的百色市红十字救援队4名队员，市公安局增派的右江巡警大队6名警员一起到场增援，该救援于1月5日21时45分处置完毕。

（一）基本情况

（1）地理位置

事故发生位置位于隆林各族自治县猪场乡平安村上龙孔屯，距离鹤城消防救援站约46km，洞穴位置距离公路约100m。

（2）天气情况

1月3日，天气阴，气温3～12℃；

1月4日，天气阴转晴，气温5～14℃；

1月5日，天气阴转小雨，气温3～9℃。

（二）处置经过

1月3日12时28分，鹤城站救援队到达现场后，经了解得知，该坠洞人员为钻井工人，于1月2日不慎掉入该洞穴，距鹤城站救援队到场时间已接近24小时，生还概率较小；该洞穴入口较小，长约1m，最大宽度约40cm，深度不明。鹤城站救援队利用小绳吊重物的方式对该洞穴进行探测，重物下坠至约50m处后，多次试探已无下坠感，初步测定已达该洞穴底部。13时18分，鹤城站救援队搭建好三脚架，命一名指战员佩戴空呼下洞侦察，到达约50m处后，发现此处为一面积约3m²、倾度约40°、布满落石的平台（即1号平台），下方还有下降空间，深度不明，遂命上方人员继续吊重物下降至1号平台，由该名队员接力下放，下坠至距洞口约80m处后发现无下坠感。因先前经验，鹤城站救援队亦不敢确定此处是否为洞穴底部或是第二个平台，遂命该名指战员先撤回洞外，并向指挥中心及县应急部门汇报情况，请求调派增援力量。14时58分，鹤城站救援队派一名指战员进行第二次探洞，下降至约为70m处后，发现该点为一岩石突出部，下方还有下降空间，深度不明，随后返回地面等待下一步指令。增援力量因路途较远、需整理准备器材等因素，决定于次日才出发。17时21分，鹤城站救援队将现场交由当地派出所值守后，归队休整。

1月4日11时45分，鹤城站救援队及百色市红十字搜救救援队、右江巡警大队、红城站救援队等相继到达现场，对现场进行隔离警戒，对洞穴周边进行安全风险评估，在洞口布置安全保护绳。根据鹤城站救援队提供的信息，四方力量共同拟制救援方案，由红城站梁广同志做先锋，负责进入洞穴内部进行勘察，并布置生命线、紧急救援线及洞内提拉系统，由红城站李升作为先锋辅助手兼系统操作手，周银春、冉志毅以及巡警周荣任作为岩角手和偏移操作手。洞口外主要由红十字搜救队队长何振鹏负责组织架设主提拉系统以及装备下送。

13时20分，洞口危岩加固完成。13时35分，洞口三脚架系统和先锋下降线路架设完成。13时40分，红城站梁广同志作为先锋进洞探测并沿途架设提拉和运输线路；13时55分，到达1号平台（50m处），对洞内情况进行安全评估并建立1号安全站，洞穴外部人员利用360°全景摄像机观察洞内情况；14时17分，梁广到达100m处的2号平台并建立安全站（该平台面积约20m²，倾度约45°，整体呈漏斗状，通往下面的裂隙非常狭窄且布满落石）；16时07分，在2号平台发现血迹；16时43分，梁广到达约130m处的3号平台（该平台面积约10m²，倾度约50°，布满落石）发现被困人员（已无生命迹象），应公安部门要求吊入360°全景摄像机，对现场环境及遇难人员进行拍摄取证；17时44分，取证完毕；20时10分洞内所有系统制作完毕；21时28分，洞内5名人员在2号平台的安全站集结，躲避上方落石；22时40分，担架投放至3号平台；23时19分，考虑天气及人员体能消耗等因素，现场总指挥决定让进入洞穴内部的人员撤回，所有救援人员收拾器材回鹤城站进行休整，现场交由当地派出所派人值守。

1月5日上午11时01分，救援队伍返回到现场，对各个绳索系统进行安全确认。11时38分，先锋队员下洞对绳索系统进行安全排查，发现3号平台并非实际洞底，而是由大量落石堆积后堵塞形成的虚底，往下仍有窥见空间，深度不明，有塌落可能。为了保证作业面人员安全，随即增设3号安全站，架设4条安全线路绳和1条紧急撤退线路。14时20分，洞内4名人员汇集于3号平台的作业点，开始对遇难者遗体进行处理并在担架上捆绑固定；15时10分，人员陆续回撤到2号安全站，之后在线路沿途布置岩角手和操作手等相关岗位人员；15时40分开始系统预受力；16时05分，担架通过3号平台与2号平台之间的裂隙，完成主提拉与副提拉系统转换。为保证洞内作业人员安全，防止提拉过程中造成落石伤人，暂时将担架滞留在2号平台加以固定，作业人员先行向1号平台回撤。17时50分，人员依次撤退至1号平台安全站会合；18时19分，担架抵达1号平台并临时固定，三名岩角手先行往洞口撤离，洞内余梁广和李升两名人员，将系统重新挂接后，下撤到2号平台的安全站躲避落石；21时35分，成功将遇难者转移至地面，并交由公安部门及家属，梁广和李升在最后拆除洞内线路以及撤收洞内装备；23时15分，洞内所有人员撤出；23时23分，收捡器材撤离现场。

（三）不足之处

① 队站安全意识薄弱。首战力量到场后未利用警戒带划分隔离警戒区，洞口未设置安全保护措施，现场未设置安全观察哨。

② 队站绳索救援技术薄弱。从该救援可以看出各队站绳索救援技战术水平参差不齐，水平较低，普遍缺乏处置经验。

③ 队站绳索救援装备建设薄弱。从该救援可以看出支队的绳索救援装备与山岳实战救援装备的要求差别还是比较大，装备配备较为单一、匮乏、不兼容，实用性不高。

④ 后勤保障不力。未考虑天气及长时间作战等因素，第一时间未调派照明装置，未调齐防寒大衣，未搭建防雨帐篷等。

（四）改进方向

① 强化专业队伍建设工作。支队将加强绳索救援集训班建设，邀请专业技术教练进行教学引领，由各大队推选优秀人才培养对象参加支队集训复训，强化理论及技战术水平。支队也将成立绳索救援教练组，下到各队站进行轮训指导。

② 强化专业队伍考评工作。支队将设置绳索救援考评科目，每季度对各队站进行能力考评，对能力水平较低的队站进行轮训复训。

③ 强化专业队伍装备建设工作。支队将结合队站实际需要，统计各大队预购装备种类、型号、数量等，协调总队进行装备采购，完善队站装备建设。

九、浙江金华市九龙山坠崖事故救援案例

（一）基本情况

2020年1月2日凌晨4时，浙江省金华市婺城区九龙山水库附近，一辆小轿车在盘山公路上冲出无护栏路基，翻滚、滑落至七十多米深的谷底。驾驶员1人甩出车外，造成骨折。6时许，车辆起火，引发周

边林木着火，被周边群众发现，报森林火灾。随后林火被小雨浇灭，辖区大队在现场核查过程中发现周边草丛中有一人，遂转为救援立案。

（二）救援过程介绍

支队指挥中心接到案情更新信息后，立即调派支队高空（山岳）救援队到场处置。由于山路崎岖，专业救援力量历时1小时于上午9时左右到达现场。

辖区大队指战员利用绳索降到谷底，发现被困人员失去意识，存在骨折情况。先期到场的民间救援队员有两名队员下到谷底。由于缺乏相应装备和团队，被困人员无法安全运送至地面。此时，由于案发时间过长，交通、治安、医疗等部门均已到场，周边群众也逐渐聚集，造成了一定程度的交通拥堵，专业救援队被堵在距现场500m的道路上。专业队指挥员携通信员、安全员步行至现场，进行前期勘察。

经勘查，人员被困位置距离路面支线距离约75m，平均角度50°，谷底稍缓，顶部约70°。路面为松散红土，覆盖大量落叶，无落石风险。

现场作出决定：

① 后方留守队员携带担架、伤员抬板、长度合适的绳索等装备步行赶到现场；

② 协调交警部门清理事发现场交通，引导救援车到场，同时预留作业空间；

③ 加强现场安全管控，扩大警戒距离，清理作业现场无关人员；

④ 消防车到场后，利用随车吊臂制作高位锚点，制作双绳拖拉系统；

⑤ 在救援车到场前，先锋队员携固定抬板、颈托、肢体固定气囊，利用先前设置的锚点，下到谷底，对伤员进行固定；

⑥ 系统架设完毕后，担架手和另一名陪护队员携带担架和提拉绳，下到谷底，完成伤员固定，三人配合，在路面的牵拉下，将伤员运上路面；

⑦ 将谷底其他人拉回路面，回收系统，清理现场。

（三）好的方面

（1）第一时间调集专业队

辖区大队发现人员坠落后，自己有能力下到谷底进一步侦查。同时，第一时间上报指挥中心，请求专业力量增援，主观上没有耽误救援时间。

（2）专业队建设成果显著

专业救援力量训练有素，到场后救援条理清晰、要点明确、动作迅速，一小时不到完成全部救援行动，到场后发挥了最为关键的作用，强化了消防救援队伍攻无不克、战无不胜，专业、精干、内行的形象。

（3）人文关怀贯穿始终

在救援过程中，从被困人员角度出发，充分考虑被困人员伤情和身体情况，在力所能及的范围内，坚持以人为本的原则，全力做好被困人员关怀。

（四）存在问题和改进措施

（1）专业救援力量建设覆盖面不足

2019年高空山岳救援队刚刚成立，支队范围内救援技术尚未全面铺开，导致现场等待增援的时间过长。现在支队已开展全面的培训，各站均有相应的专业救援班组，同时，形成了专业救援力量救援调度的原则方案，发生特种灾害事故，即使在辖区大队力所能及的范围内，也需同步调集专业队，一方面是将专业队作为现场的紧急救助力量，另一方面，增加专业队出动、练兵机会，实现以战促战。

（2）现场安全管控存在漏洞

现场安全管控措施已经部署，但在救援过程中还是有围观的群众越过警戒线，影响了现场的安全和救援决策。下一步要充分发挥联动部门的作用，实行内外有别的安全管控措施，外部的交给公安部门，内部的由消防救援队伍严格掌控，既要把现场管好，又不能将大部精力转移到非救援行动上。

（3）救援力量协同调度、系统指挥不足

现场还出现了不和谐的一幕，个别民间救援队员热心公益事业，但是能力尚存在短板，下得去，上不来，在救援现场盲目冲动，不服从专业救援力量指挥。近两年来，支队范围内开展了多次联勤联训和培训工作，加深了国家队和民间队的交流，消除了队伍间的隔阂，该情况已基本消失，基本上形成了以消防救援队伍为主心骨，民间救援队伍积极参与配合，部分专业好手协同作业的局面。

（4）救援装备配备需进一步优化

支队在高空山岳救援队成立时，配备了大型的全地形越野抢险救援车。但是在实际使用过程中发现，该车底盘、车身过高过宽，在进行山岳救援时，很难开到山上，且由于限高限宽，很多情况下进村都困难，更不要谈进山。需要配备小型四驱山岳救援专用的车辆。同时，经过近两年的磨合，对装备的使用、理解有了更深的认识，也进行了相应的调整。

十、山东泰安市泰山"11·2"西马峰遇险游客救援案例

2014年11月2日12时34分，泰安支队作战指挥中心接到报警，泰山东御道西马峰上有8名游客被困，其中1名女性游客坠崖摔伤，处于昏迷状态。作战指挥中心先后调集泰山景区大队27名队员以及医疗救护、泰山管委等联动力量到场处置，经过近29小时的奋战，成功将8名被困游客营救至山下，摔伤濒临死亡的游客已脱离生命危险。

（一）基本情况

（1）泰山西马峰地理情况

泰山西马峰位于泰山东麓，海拔800m，山势陡峭，巨石交错，悬崖高度达到100m以上，行进极其困难，地势险要，吸引了众多游客前往挑战探险。

（2）被困人员情况

8名来自济宁的游客，其中5名男性，3名女性，闻知泰山西马峰地势险要，结伴专程前往挑战探险。8人攀爬至西马峰后，因无下山道路，被困至山顶悬崖峭壁处，1名女性游客试图寻找下山路径时，不慎

从悬崖跌落至约30m深的一处大石上，伤势严重，几度昏迷，其余7名游客无法下山，全部被困在西马峰悬崖上。

（3）天气情况

当日白天天气晴转多云，气温5～17℃，风向东北，风力3～4级；夜间山中气温2～9℃，风力5～6级。

（二）事故特点

（1）地势险峻、到达困难

泰山西马峰地形复杂，救援人员很难及时掌握准确的事故位置。山区道路崎岖不平，车辆无法靠近，全部依靠步行，到达救援现场需要较长时间。

（2）环境恶劣、救助困难

救援人员携带大量装备经长距离的攀爬，造成体力消耗迅速，加之冬季昼短夜长，气温和能见度低，事故现场仅为2m²大石，下面是近90°的悬崖峭壁，救援行动很难开展。受伤游客多处骨折，稍有不慎，会带来二次伤害。

（3）长时作战、保障困难

救援人员到达被困位置，搜寻到被困人员以及制作支点实施救援时间长，体力消耗大，队员饮水、饮食以及被困人员给养需求量大，救援队员器材装备携带充足时，支撑长时间救援的物资难以得到保障。

（三）处置经过

11月2日12时34分，泰安支队作战指挥中心接到泰山西马峰8名游客被困的警情后，先后调动泰山景区大队天烛峰中队7人、天外村中队8人、泰山中队10人到场处置，景区大队军政主官遂行出动。

12时35分，天烛峰中队指挥员带领1车7人并携带绳索、吊带、安全钩、担架、急救药品等必要的器材装备迅速赶赴现场。

12时46分，天烛峰中队救援队员到达泰山东御道防火检查站，在向导的带领下沿山谷逐山开展搜索救援。

16时10分，天烛峰中队救援队员到达西马峰东侧山脉顶部，隔悬崖对被困人员所处位置、周围地形、地貌、树木、有无救援器材固定支点处等进行了初步侦察。经侦察，西马峰悬崖高度约100m，7名游客被困在西马峰顶部，受伤昏迷游客所处位置无法看到。指挥员及时与7名游客联络，稳定情绪，根据地形地貌和器材装备情况迅速制定了初步救援行动方案。

救援人员分成2组，经悬崖底部攀登西马峰对被困人员实施搜寻救助，第一组由指挥员带领3名战士搜寻受伤昏迷游客，第二组由1名班长骨干带领2名战士营救7名身体健康的被困游客。

17时15分，第一组救援人员在7名游客的帮助下，迅速查明受伤游客被困在西马峰悬崖下约30m的平台上。指挥员命令第一救援小组立即制作支点，沿绳索下降至被困人员处，经询问，该女性游客由于身体摔伤，造成多处骨折，难以行动，已出现多次昏迷。救援人员对现场、周边的环境和被困人员受伤情况进行了全面评估，立即向大队指挥员和支队全勤指挥部汇报情况并请求增援，同时采取措施对游客实施救助，一是及时喂食饮用水、压缩饼干，确保游客身体有充足热能；二是对伤口处进行消毒、止血、包扎；三是使用躯体固定气囊、肢体固定气囊对骨盆、左腿进行固定；四是为受伤游客披上救援衣做好保暖；五是对被困游客进行心理疏导，稳定情绪；六是将受伤游客固定在担架上，准备采取吊升救人的方法，对被困游客实施救助。由于天色渐晚、风力变大、气温骤降，加之山高陡峭，担架在上升过程中遭遇大石阻碍，以及支点不牢固，为避免被困人员受到二次伤害，指挥员果断命令停止救援，并向大队指挥员和支队全勤指挥部汇报救援进展情况。

18时，天外村中队指挥员带领1车8人，携带救援装备、食物、衣物等物资出动增援。

22时40分，增援队员在受伤游客对面山顶与天烛峰中队队员会合，成功将物资送达救援现场。

进入深夜，事发地点气温降至零度左右，风力加大，风向不断变化，担架在倾斜的大石上有坠落危险，为确保受伤游客生命安全，天烛峰中队三名队员立即对担架进行固定，防止滑落。为防止受伤游客因寒冷、困乏、伤痛陷入昏迷，三名队员再次为其加厚衣服，并不断交流，进行疏导。

其余队员不辞辛苦，在稳定其他被困游客的同时，摸黑探索新的路线。11月3日6时，部分增援队员到达被困者下方，准备采取下降救援法对被困人员实施救助。

11月3日7时，根据泰山管委指挥部部署，兵分两路实施增援。一路由大队长带领泰山中队10名队员，携带山岳救助器材从泰山玉皇顶方向下山赶往救援现场；另一路由教导员带领天外村中队8名队员，携带山岳救助器材从天烛峰方向登山赶往救援现场。

11月3日10时30分，教导员与天外村中队8名队员到达事发地点悬崖下方，利用手持上升器攀爬至游客坠崖处与天烛峰中队3名队员会合，使用躯体固定气囊再次对被困人员进行固定。

10时40分，大队长率队赶到泰山西马峰顶部，经与前方指挥员联系，制定了利用绳索制作下降轨道救援的方案，6名队员制作绳索轨道，4名队员在崖顶使用保险绳牵引卷筒式担架，4名队员在悬崖下实施辅助救助，其余队员使用百米绳索将7名被困人员逐一救至崖底，并搀扶至山下。

14时20分，经全体增援队员密切配合，利用绳索制作双轨道牵引卷筒式担架将受伤游客救至悬崖底部，增援队员立即将伤者运送至山下救护车上。

17时30分，泰山景区大队全体增援队员圆满完成了救援任务，归队恢复执勤。

（四）经验体会

在救援过程中，参战队员始终坚持科学指挥，充分发挥装备优势，灵活运用战术，争分夺秒，团结一致，圆满完成了救援任务。

① 整体协调、合力救援。事故发生后，泰山管委领导、支队当日值班人员先后到达泰山脚下，成立总指挥部，协调指挥山岳救援。景区大队军政主官带领队员在一线实施救助，参战力量分工有序、协调一致，为长时间开展救援奠定了坚实的基础。

② 英勇顽强，表率突出。在整个救援过程中，参战队员冒着随时跌落悬崖的危险，努力克服了黑暗、气温低、风力大和体力透支等困

难，连续29个小时奋战在一线，将受伤被困人员从死亡的边缘拉回到生命的安全线。

③ 调集装备，全力保障。根据救援的需要，景区大队及时加强了个人防护装备和生活保障，为救援前线队员配置了强光手电筒、专业登山鞋、防寒大衣、抢险救援服等个人防护物资，最大限度地保证了参战队员的安全。此外，大队积极协调泰山管委人员作为向导，第一时间带领救援人员到达泰山西马峰，及时调集了绳索、安全钩等物资，为圆满完成救援任务提供了最有力的保障。

④ 及时总结，大力宣传。救援结束后，参战队员不怕疲劳，连续作战，整理影像资料，记录战斗经过。参战队员救援事迹第一时间通过中央电视台经济频道、齐鲁晚报等媒介进行宣传报道，进一步塑造了泰山卫士良好形象。

（五）不足之处

① 通信联络方式有待进一步改进。泰山山脉绵延数百里，进入山区后，通信信号时有时无，无法确保通信、政令畅通。消防、医疗、管委等前方联动力量通信不畅，仅能通过大声喊话等方式进行联系和对接，不能充分发挥各参战力量最大作战效能。

② 夜间山岳救援水平有待进一步加强。进入夜间，由于黑暗和地势险峻，即使在强光照明灯的辅助下，救援人员仍无法掌控被困人员所处位置、地形地貌以及救援绳索等各种影响救援的因素，无法在最短时间内对被困人员实施救助，需要强化夜间山岳救援实战化训练。

十一、广东韶关乳源瑶族自治县"11.28"山岳救援案例

2020年11月28日至30日，韶关市消防救援支队鹰峰东路消防救援站连续处置2起游客被困深山警情，两次救援作战近32小时，成功营救5名被困者，得到地方党委政府的高度肯定。人民日报、广东电视台、广州日报、韶关电视台等新闻媒体争先报道了鹰峰东路消防救

援站山岳救援英勇事迹，在社会上引起了强烈的反响，树立了消防救援队伍的良好形象。

（一）基本情况

（1）基本情况

2020年11月28日，2名游客相约到大桥镇"狗尾嶂→下寨"线进行徒步，因错误判断徒步时长，最终迷失在了深山里，随即报警请求救援。

2020年11月29日，3名失联游客与同伴一行6人相约到大布镇"吴屋→蕉窝顶→下洞凹→匣子崎→阎罗头"大环线徒步，并于当日凌晨4时许上山。早上8时许，3名失联游客与另外3人走散。同伴下山后，发现走散的3名游客失去联系，随即报警求助。

（2）警情特点

① 救援地点地形复杂。大桥镇狗尾嶂最高海拔1680m，大布镇大环线全长28km，最高海拔超过1000m，全程涵盖高山、悬崖、低谷、河流、草原等地形，给携带装备物资带来极大不便。

② 救援现场环境恶劣。前行的路段异常崎岖凶险，林草丛生，大风低温，漆黑湿冷，救援人员脚下砾石不断有滑落，很多路段需要借助手中的工具重新开辟行进。

③ 救援地点无手机信号。大布镇大环线基本处于无信号覆盖范围，无法利用手机与外部取得联系，卫星通信信号差，通话断断续续。

④ 救援现场难度大。失联游客具体方位不明，极有可能因迷路慌乱，误走其他路线，整个救援行动搜索半径在方圆数十公里，救援力量严重不足。

⑤ 整个救援过程持续时间长。从28日至30日，指战员持续作战近32小时，克服了食物、水、睡眠等各种难题。

⑥ 社会关注度高，反响强烈。人民日报、广东电视台、广州日报、韶关电视台等新闻媒体争先报道了鹰峰东路消防救援站山岳救援英勇事迹，在社会上引起了强烈的反响。

（3）出动力量

"11.29"山岳救援中，乳源瑶族自治县消防救援大队先后出动3台消防车和15名指战员，同时市消防救援支队调派3车16人驰援，由支队值班指挥长带领全勤指挥部遂行出动指挥救援。22时30分许，接到情况报告后，市政府主要领导、分管领导带领应急、公安等部门有关负责同志到市消防救援支队会商研判警情、坐镇指挥搜救行动。

（4）取得成绩

两次救援历经32小时，人均行进20km以上，爬升海拔1000m以上，成功营救5名被困人员，队伍没出现人员伤亡，较好完成了此次救援任务。

（二）力量调度

"11.28"山岳救援中，乳源瑶族自治县消防救援大队出动1台抢险救援车和6名指战员，携带救援绳、担架、补给食品等山岳救援装备赶赴大桥镇救援。

"11.29"山岳救援中，乳源瑶族自治县消防救援大队立即调派2辆消防车、10名指战员，随后增派1辆消防车、5名指战员，并组成前突救援小队、信通保障小队前往救援地点进行救援。

（三）战斗经过

（1）乳源大桥2名游客深夜被困"狗尾嶂"

11月28日21时40分，韶关市消防救援支队指挥中心接到群众报警称，乳源瑶族自治县大桥镇狗尾嶂山上有2名游客在登山途中被困。接警后，乳源瑶族自治县消防救援大队立即出动1台抢险救援车和6名指战员，携带救援绳、担架、补给食品等山岳救援装备赶赴大桥镇救援。

到达大桥镇后，指挥员立即与报警人了解情况。经询问得知，11月28日10时，2名游客相约到大桥镇"狗尾嶂→下寨"线进行徒步，因错误判断徒步时长，最终迷失在了深山里。6名指战员协同户外应急救援队队员立即登山开展营救，由于山势险要，加之深夜救援，山上大风低温、路陡林密，自然环境恶劣，救援难度极大。29日2时10分，消防救援人员成功到达了被困人员所在的位置，待被困人员补充食物、恢复体能后，消防救援人员采用搀扶、背负的方式，将被困人员进行转移。29日6时20分，救援人员成功将搜寻到的2名被困游客安全送达救援集结地（下寨村委会），整个救援过程历时约9小时，救援行动圆满结束。

（2）乳源大布镇3名游客深夜被困"匣子崎"

11月29日19时40分，韶关市消防救援支队指挥中心接到群众报警称，乳源瑶族自治县大布镇境内有3名游客在登山途中失联。

接警后，乳源瑶族自治县消防救援大队先后出动3台抢险救援车、15名指战员，携带救援绳、担架、帐篷、补给食品等山岳救援装备物资赶赴大布镇救援。

到达大布镇后，大队指挥员立即联系报警人和当地干部群众了解失联人员情况。经询问得知，11月29日，3名失联游客与同伴一行6人相约到大布镇"吴屋→蕉窝顶→下洞凹→匣子崎→阎罗头"大环线徒步，并于当日凌晨4时许上山；早上8时许，3名失联游客与另外3人走散。同伴下山后，发现走散的3名游客失去联系，随即报警求助。针对了解掌握的情况，大队指挥员立即同大布镇领导商议搜救方案。考虑到失联游客具体位置不明，盲目上山搜救等于大海捞针，希望渺茫。大队指挥员决定从"失联"这一关键信息着手，询问当地干部群众大环线沿线手机信号情况。同时，从其他游客处得知，当日中午13时左右，有人在匣子崎处见过3名失联游客。综合以上信息，考虑整个大环线情况，初步判断3名失联游客可能尚在"下洞凹→匣子崎"之间的路段。

由于失联游客具体方位不明，整个救援行动搜索半径为方圆数十公里，救援力量严重不足；加之深夜救援，山上大风低温、路陡林密，自然环境恶劣，救援难度极大。市消防救援支队随即派出西联特勤站、浈江区前进路消防救援站两支增援力量共计3车16人驰援，并由支队值班指挥长带领全勤指挥部遂行出动指挥救援。

11月29日22时30分许，接到情况报告后，市政府主要领导、分管领导带领应急、公安等部门有关负责同志到市消防救援支队会商研判警情、指挥搜救行动，并当即成立总指挥部，统筹指挥救援行动，要求迅速调集有效力量，参与搜救行动，并在确保救援人员自身安全的前提下，连夜上山全力搜救失联人员。乳源瑶族自治县领导也在第一时间赶赴现场指挥救援。人迹罕至的大山中，迅速织起了一张市、县、镇三级全天候立体协同的"营救网"。

根据总指挥部的指令，乳源瑶族自治县消防救援大队指战员先期进山进行重点搜寻，其他增援力量到场后按照分工对其余路线进行搜寻。23时许，由消防指战员、当地干部和前来支援的韶关户外应急救援队组成的联合救援组，按照既定的救援方案，携带救援装备和个人给养深入大环线进行搜寻。救援人员不惧山高路远、湿滑难行、通宵行动、冰冻难耐等困难，争分夺秒向山顶攀登、向深山进发。经过7个小时的攀登，于11月30日凌晨6时许到达蕉窝顶下面的蝴蝶谷，但未找到3名失联人员。

根据救援现场情况变化，前方指挥部及时调整救援力量部署，先期进山的救援人员分两组进行搜救，第一组在从谷底通往焦窝顶的山路上继续搜寻；第二组按照既定的大环线由蝴蝶谷往匣子崎方向搜寻。与此同时，市消防救援支队增援力量也分为4个救援小组，由当地干部和群众作为向导，从不同方向和不同路段进山搜寻。在搜救途中，救援人员通过吹哨子、喊话、照明灯打光等方式持续向失联人员发出搜救信号。

救援人员不舍昼夜、争分夺秒进行着救援行动。前行的路段异常崎岖凶险，林草丛生，漆黑湿冷，救援人员脚下砾石不断有滑落，很多路段需要借助手中的工具重新开辟行进。在艰难行进约20km后，11月30日9时20分，搜救小组在海拔1000m以上的匣子崎沟底位置发现了3名失联人员。因为林密无路，再加上暗夜无光、体力透支，3名失联人员迷失在了深山里，找不到出山的路段，心理也几近崩溃。救援人员脱下身上的衣服，并拿出随身携带的食物和水分发给3名被困人员。待补充食物、恢复体能后，救援人员挽扶、背负被困人员一路向大山外的安全集结点进发。在历经16个多小时后，11月30日15时30分，救援人员将搜寻到的3名被困游客安全送达救援集结地大布镇政府。其他各支救援力量也在当日17时许陆续返回集结地，救援行动圆满结束。

（四）经验体会

（1）好的方面

① 业务能力强，及时分析研判地形。在长达28km的大环线上及时分析研判，第一时间在游客圈打听相关信息，科学合理地制定了搜救路线。

② 领导到场处置，联系各方力量增援。这次救援行动得到了党委政府的高度重视和社会各界的关心支持，参与救援的消防救援人员、社会救援力量和当地干部群众达到60余人

③ 指战员身体素质强。通宵战斗持续32小时，在水和食物匮乏、装备携带困难、救援路程艰险的情况下，成功将5名人员救出，队伍无人员伤亡。

（2）不足方面

① 单位与单位之间不够紧密。虽然指战员将伤员以人力方式安全救出，但如能通过其他单位调动直升机前来支援，可及时确定被困人员位置进行营救。

② 通信设备老旧，信号弱，用卫星电话与指挥员联系时，通话断续。

③ 后勤物资保障差。前往救援地点后，携带的水、干粮、救援装备等物资不够，救援地点与外部过远，后勤物资得不到保障。

（3）改进措施

① 加强通信方面训练，对老旧的通信设备进行更替处理。

② 调整优化背包携带物资，合理配置水、食物、照明设备、救生设备等的携带结构。

③ 多与其他单位进行实战演练，避免在下次救援时因支援调动慢而延误警情。

附　录

一、消防山地救援研训基地简介

云门山位于广东省韶关市乳源瑶族自治县县城以北6km，云门山海拔1215m，高峰直入云天，周边山脉相互交错连接，其山脉特点，适合开展高空绳索、横渡攀爬、山林救援、悬崖救援等科目训练。韶关支队通过多次实战救援及实地考察后在云门山设立了山岳救援韶关研训基地。山岳救援韶关研训基地对标"全灾种、大应急"职能任务的需要。

韶关市消防救援支队山岳救援专业队成立于2018年，是全省两支山岳救援专业队之一。韶关山岳救援专业队成立以来立足粤北山区的特点开展各类山岳事故救援，多次组织全市业务骨干开展山地救援培训并考取山地救援资质，先后成功处置200余起群众山地遇险事故。韶关市山岳救援队依托云门山的地形地貌形成了"基地训练+野外实训"相结合的训练模式，开展"全天候、全地形、全环境"的实战实训，是目前全省机动性救援能力最强的国家综合性消防救援队伍之一。

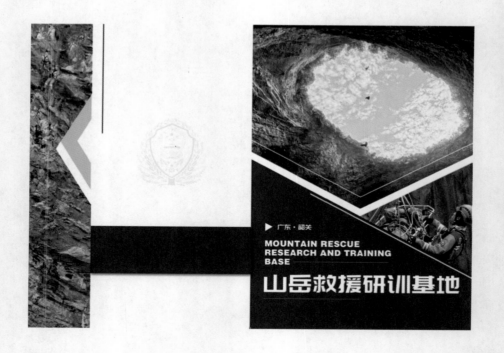

二、山岳救援科目设置简介

（1）"福"底救援

科目设置为模拟一名登山人员掉入崖壁底部受伤被困。救援人员通过寻找最佳位置制作锚点及担架系统，下降至崖壁底部对受伤的被困人员进行包扎并将其从"福"壁救出至安全地点。

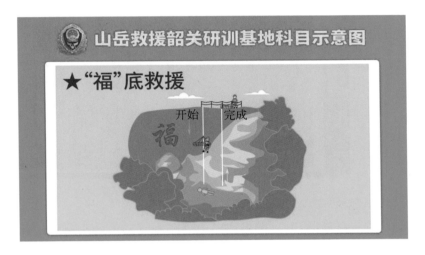

（2）T型救援

科目设置为一名登山人员意外摔落至谷底。救援人员通过峡谷两侧制作T型绳索系统，将被困人员从谷底救出。

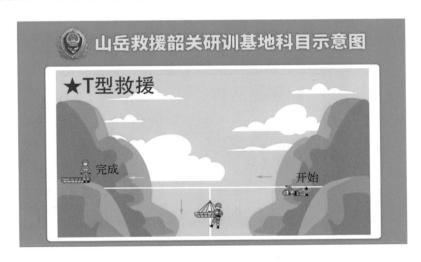

（3）绝壁逢生

科目设置为被困人员意外从悬崖掉下受伤被困。救援人员通过寻找最佳位置制作锚点及担架系统，下降至谷底对其进行包扎并将其向上救援至安全区域。

（4）穿越丛林

科目设置为有一名伤员被困于布满树木的山谷一端。救援人员寻找最佳位置设置锚点，并搭建横渡系统，制作绳桥。救援人员携带担架系统通过绳桥到达被困人员位置，对被困人员进行包扎固定。救援人员通过担架陪护的方式边陪伴边清理丛林障碍物，将被困人员救至安全区域。

（5）空谷足音

科目设置为险峻谷底发现受伤昏迷人员。寻找并制作稳固锚点，采用双绳担架伴护提升的方式将伤员通过凹凸不平的山体面转运至安全位置，考验个人能力和团队垂直提升救援的配合。

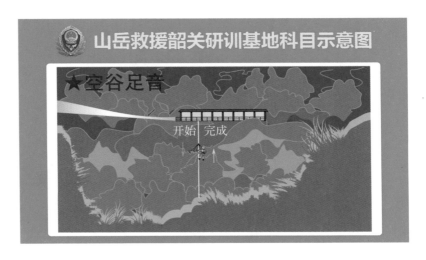

（6）空山幽谷

科目设置为模拟一名伤员从观光平台跌落悬崖。救援人员在平台寻找最佳位置设置锚点，并制作绳索系统、担架系统。救援人员携带担架系统通过绳索系统斜向下至伤员位置，对伤员进行包扎固定后，将被困人员斜向上救至安全区域。

（7）水上飞跃

科目设置为一名被困人员被困孤岛。救援人员通过抛投器或无人机将抛投绳抛送至孤岛，操作人员通过架设绳索系统横渡至孤岛，救援人员将被困人员转移至安全区域。

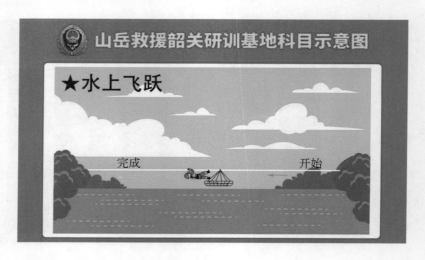

（8）层峦叠嶂

科目设置为有一名游客登山途中不慎跌落山腰平台。救援人员携带救援装备攀登至伤员所在位置，对伤员进行包扎固定并寻找最佳位置设置锚点，制作绳索系统、担架系统。救援人员陪伴担架利用高低角转换技术将伤员救至安全区域。

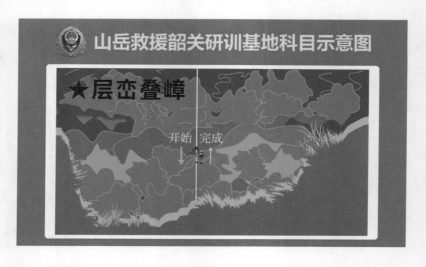

（9）瑶山"缆"月

科目设置为一名游客在乘坐缆车时遇到故障。救援人员通过架设绳索上升系统攀爬到游客被困位置，寻找最佳位置固定锚点后，将被困人员从缆车上救下。

（10）云上舞旋

科目设置为一名高空作业人员高空晕倒。救援人员到达被困人员上方玻璃桥，通过上下降技术到达被困人员位置，利用向上救援技术将被困人员转移至救援人员身上，提拉被困者至玻璃桥安全区域。

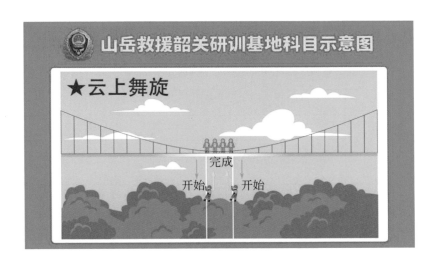

（11）搬运伤员

科目设置为一名游客登山至山顶不慎受伤。救援人员携带个人和班组装备登上山顶对其进行包扎、固定，制作绳索系统、担架系统，利用下放技术、高低角度转换等，将伤员从山顶救至山脚安全区域。

（12）失踪搜索

科目设置为登山人员山上失踪，亲友报119消防救援求救。救援人员通过了解大概位置，对失踪人员进行搜索，包括利用无人机搜索等，待确定了失踪人员大概位置后，派出救援小组将失踪人员救至安全地点。

消防山地救援行动记录表见表10-1。伤员评定表见表10-2。

表10-1　消防山地救援行动记录表

事故发生时间				
事故发生地点				
接警时间		报警人电话		
现场情况	受伤人数		受伤部位	
	伤员基本情况			
	天气情况			
第一出动情况	出动时间		出动人数	
	到达时间		出动车辆数量	
	救援开展情况			
第二出动情况	出动时间		出动人数	
	到达时间		出动车辆数量	
	救援开展情况			
救援中存在的不足				
记录人：		记录时间：		

表10-2 消防山地救援伤员评定表

姓名:			性别:	
年龄:	出生日期:		体重:	
紧急联系人:			联系人电话:	
现场情况				
症状:		过敏:		药物:
相关历史:		上次摄入和排泄:		时间:
身体检查情况				

时间	脉搏	呼吸	血压	皮肤	体温

现场评估情况 （问题清单）	
处置方案	
其他需要说明的情况	

三、广东省消防救援总队高空（山地）救援专业技术发展

2014年以来，广东省消防救援总队持续深化高空（山地）救援专业技术引进与发展，立足广东区位优势，加强与港澳地区消防部门合作交流，就高空（山地）救援专业技术持续不间断互鉴学习，经过近8年的努力，已经建成了各类高空（山地）救援专业队22支（总队级4支、支队级18支），山地救援实训基地1个，持有IRATA技术资格人员188人、HART技术资格人员528人，初步构建了以专业骨干为基础、专业队伍为载体、实训基地为依托、定期交流为机制的广东消防救援特色的山地（高空）救援体系。

① 2014年5月12日至23日，总队第1次派员赴香港消防处参加高空拯救专业技术培训，接触双绳高空拯救技术。

② 2016年7月24日至8月2日，总队第2次派员赴香港消防处参加高空拯救专业技术培训。

③ 2016年9月8日至14日，总队第3次派员赴香港消防处参加高空拯救专业技术培训。

④ 2016年10月31日至11月9日，总队第4次派员赴香港消防处参加高空拯救专业技术培训。

⑤ 2017年2月13日至3月1日，广东总队选派10名业务骨干赴安徽消防黄山山岳救援队交流。

⑥ 2017年4月9日至12日，香港消防处消防及救护学院蔡国忠助理院长带领高空拯救专队到广东总队开展技术交流。同时，总队还邀请了甘肃、安徽总队，国家（兰州）陆地搜寻与救护基地等相关专家骨干参加此次活动。

⑦ 2018年4月3日至12日，总队第5次派员赴香港消防处参加高空拯救专业技术培训。

⑧ 2018年5月19日至6月23日，总队举办高空拯救专业技术培训班，并组织参加IRATA一级国际资质认证考核，依托总队正式组建高空（山地）拯救专业队。

⑨ 2018年6月11日至14日，香港消防处消防及救护学院蔡国忠助理院长到访，开展粤港澳大湾区消防技术交流活动，主要就高空拯救等专业技术进行深入交流。

⑩ 2018年11月27日至28日，香港消防处、GRIMPDAY组委会比利时那慕尔消防队派员到广州对接2019 GRIMPDAY ASIA国际绳索救援技术大赛举办事宜。

⑪ 2019年，广东消防救援总队广泛开展高空、山地救援技术实训。

⑫ 2019年11月22日至24日，2019 GRIMPDAY ASIA国际绳索救援技术大赛在深圳市成功举办。广东消防救援总队为赛事技术支持单位。比利时那慕尔消防队，法国马赛消防队，西班牙巴塞罗那消防队，匈牙利布达佩斯消防队，比利时布鲁塞尔消防队，香港消防处以及北京、安徽、重庆、云南、四川、广东的消防救援队伍和福州市闽都公益救援队、佛山市蓝天救援志愿协会、凯乐石力德救援队、绳命·方舟搜救队等18支国内外消防救援和社会应急队伍参加了此次大赛。

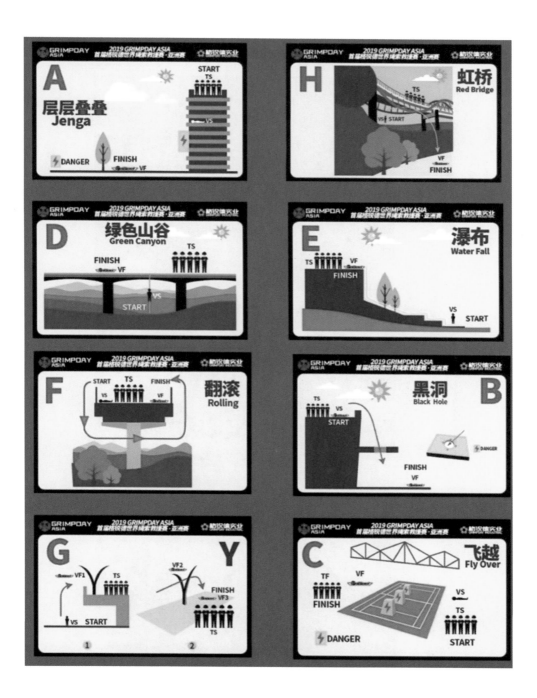

⑬ 2020年11月，全国消防救援队伍绳索救援技术培训班在珠海市成功举办，来自全国各省（市、区）消防救援总队特种灾害救援处或作战训练处的领导、绳索救援技术骨干及教练员共150人参加。

⑭ 2020年11月27日至29日，2020 GRIMPDAY ASIA国际绳索救援技术大赛暨首届大湾区消防高空救援技术邀请赛在珠海市成功举办。来自广东、河北、辽宁、北京、安

徽、山东、浙江、江苏、云南、重庆、四川、贵州、湖北、湖南、海南、青海、宁夏、西藏消防救援总队和澳门消防局等派队参加了比赛。其间还举办了消防绳索救援技术论坛。

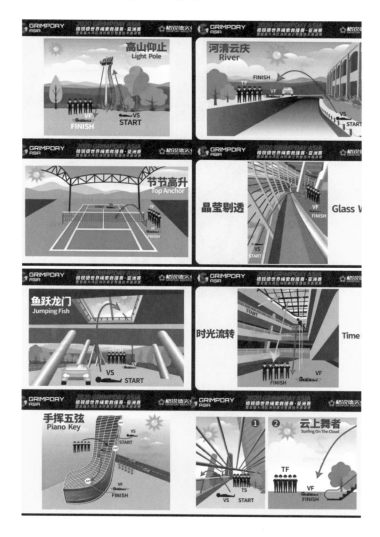

消防山地救援技术